内蒙古气象大数据综合应用平台建设与实现

温建伟　张　立　主编

气象出版社
China Meteorological Press

内 容 简 介

本书是对内蒙古自治区气象局开展气象大数据建设实践的经验总结。内蒙古自治区气象大数据综合应用平台结合自治区信息化发展对内蒙古气象部门提出的新要求和新需求，按照"一平台三系统"（气象大数据管理云平台、高性能计算机系统、人工影响天气海事卫星空地通信指挥系统、生态数据分析系统）的建设思路，围绕气象大数据综合应用平台的发展背景、现状分析、设计与实现、总结与建议四个方面进行了系统阐述，特别是对气象大数据管理云平台进行了较为详细的介绍。本书可为大数据技术研发、应用和管理等相关工作提供参考和借鉴。

图书在版编目（CIP）数据

内蒙古气象大数据综合应用平台建设与实现 ／ 温建伟，张立主编. -- 北京 ： 气象出版社，2022.9
ISBN 978-7-5029-7809-9

Ⅰ．①内… Ⅱ．①温… ②张… Ⅲ．①气象数据－数据处理－研究－内蒙古 Ⅳ．①P416

中国版本图书馆CIP数据核字（2022）第169265号

内蒙古气象大数据综合应用平台建设与实现
Neimenggu Qixiang Dashuju Zonghe Yingyong Pingtai Jianshe yu Shixian

出版发行：气象出版社

地　　址：北京市海淀区中关村南大街 46 号　　　　邮政编码：100081

电　　话：010-68407112（总编室）　 010-68408042（发行部）

网　　址：http://www.qxcbs.com　　　　E-mail：qxcbs@cma.gov.cn

责任编辑：郑乐乡　　　　　　　　　　　　　　 终　　审：吴晓鹏

责任校对：张硕杰　　　　　　　　　　　　　　 责任技编：赵相宁

封面设计：艺点设计

印　　刷：北京中石油彩色印刷有限责任公司

开　　本：787 mm×1092 mm　1/16　　　　　　印　　张：9

字　　数：230 千字

版　　次：2022 年 9 月第 1 版　　　　　　　　 印　　次：2022 年 9 月第 1 次印刷

定　　价：50.00 元

编 委 会

前　言

为深入贯彻落实"创新、协调、绿色、开放、共享"新发展理念，内蒙古自治区气象局充分利用云计算、物联网、移动互联网、大数据等新一代信息技术，积极开展覆盖"一平台三系统"，即气象大数据管理云平台、高性能计算机系统、人工影响天气海事卫星空地通信指挥系统、生态数据分析系统的内蒙古自治区气象大数据综合应用平台建设，实现对气象及相关行业部门数据的集约化、标准化汇集管理，挖掘气象大数据应用价值，促进气象信息资源整合共享；同时提升了高性能计算能力，满足精细化格点天气预报服务需求，以及人工影响天气作业指挥信息化水平和生态气象监测评估能力，进而有效提升了气象业务服务整体能力，为政府大数据平台建设、行业部门气象大数据应用、气象大数据在气象防灾减灾及自治区生态文明建设、社会治理、公共服务领域的应用等提供了专业服务和有力支撑。

本书是基于针对性、实用性、系统性、目的性等原则，结合自治区信息化发展对气象部门提出的新需求、新挑战和新机遇，围绕"一平台三系统"进行编撰的，其意图是总结内蒙古自治区气象局在气象大数据综合应用平台建设和应用管理方面的成功经验，为社会各界相关行业和业界同行提供有益的借鉴，也为从事气象信息技术岗位的人员提供技术指导和帮助，对气象业务信息化发展起到积极促进作用。

全书共分4章，内容包括气象大数据平台发展背景、现状分析、设计与实现、总结与建议，从技术、应用及管理等层面详细介绍了内蒙古自治区气象大数据综合应用平台的整个建设实施过程。

本书编写成员全部来自业务一线，第1章由杨鹏编写；第2章由孙鑫、刘林春、杨鹏、毕力格、李汉超、孙小龙、高健、刘泱编写；第3章由刘辉、张彩云、池继忠、王家乐、段晓梅、那庆、张翔、刘天琦、杜宇、孙小龙、高健、张新禹、李晓炀、乔淼、徐艳琴、田晓龙、银笛编写；第4章由徐亮亮编写。全书由温建伟、张立、杨鹏、李永利负责整体的选题、体例、全书通稿、内容修改及校对等工作。

本书编写过程中，中国气象局国家气象信息中心、内蒙古自治区气象局均给予了大力支持和帮助，在此谨致衷心感谢。本书涵盖内容广泛，由于编者水平有限，本书的结构和内容难免有疏忽或不完善之处，恳请广大读者赐教斧正。

编者

2021年10月于呼和浩特

目 录

第1章　内蒙古气象大数据综合应用平台发展背景

2018 年以来,内蒙古自治区气象局面向智慧气象和大数据服务的现实需求,基于云计算、大数据等新的信息技术,构建了内蒙古自治区气象大数据综合应用平台,实现了对内蒙古自治区气象部门内外数据资源的集约化、标准化汇聚管理,促进实现了气象"云+端"的应用和服务众创发展模式,全面提升了气象业务和服务水平,有效支撑部门内自治区、盟(市)、旗(县)三级业务应用,服务政府大数据平台建设和行业部门气象数据应用,为进一步深化内蒙古自治区气象大数据在气象防灾减灾、自治区生态文明建设、社会治理、公共服务及相关行业领域的应用提供了有力支撑。

1.1　内蒙古气象大数据发展迎来新机遇

2015 年,国务院印发《促进大数据发展行动纲要》(国发〔2015〕50 号),将气象分别列入"政府数据资源共享开放工程""公共服务大数据工程""现代农业大数据工程"等多个重点工程中,并提出气象数据合理适度向社会开放,激发大众创业、万众创新活力,同时探索开展交通、公安、气象、安监、地震、测绘等跨部门、跨地域数据融合和协同创新。

截至 2015 年 12 月,内蒙古自治区全区大型数据中心服务器装机已达 70 万台,居全国首位,全国大型互联网公司相继入驻内蒙古,内蒙古自治区大数据产业发展基础不断增强。

2016 年 10 月,内蒙古自治区被国家正式列为国家大数据综合试验区,成为全国唯一一个基础设施统筹发展类国家大数据综合试验区,同时也是首个进入国家大数据综合试验区范围的少数民族自治区。

2016 年 11 月 7 日,中共内蒙古自治区党委和自治区政府在北京隆重召开 2016 年内蒙古大数据产业推介会,向全世界介绍内蒙古自治区大数据产业发展优势、基础和展望,再一次展现了内蒙古自治区发展大数据产业的决心、信心和勇气。

2017 年,内蒙古自治区人民政府办公厅发布《2017 年自治区大数据发展工作要点》(内政办发〔2017〕116 号)要求:"以建设国家大数据综合试验区为抓手,坚持以设施为基础、以安全为前提、以资源为根本、以应用为核心,加强信息基础设施建设,推动政府数据资源整合、共享开放和创新应用,大力发展大数据产业,促进全区经济社会转型升级""积极支持开展党建、廉政建设、机构编制、食品药品、科技、文化、国土、气象等大数据应用"。

2017 年,《内蒙古自治区气象事业发展"十三五"规划(2016—2020 年)》中指出,建立全区统一的气象大数据中心,健全气象信息业务标准规范体系,优化整合数据环境、基础设施、业务应用等核心资源,气象信息化集约度达到 99%。构建以信息化主导,气象业务、服务和管理互为补充的智慧型气象信息化体系。建立气象部门和行业气象数据开放共享机制,逐步提高气象业务、服务、科研、培训、政务管理的互联化、数字化和智能化水平,为构建和发展智慧气象和自治区"智慧城市""智慧交通"等智慧战略提供全面气象信息支撑保障。以提高预报预测准确率为核心,建成从分钟到年的无缝隙集约化预报预测业务体系,发展内蒙古精细化数值预报,气象要素预报产品空间分辨率达 1 km,逐小时滚动。建立中短期预报(0~10 d)气象要素格点/站点一体化预报和灾害性天气落区格点预报业务,构建较为完善的灾害性天气短时临近预报、数值模式解释应用、动力与统计相结合等客观化预报预测技术体系;加强人工影响天气业务能力、安全监管能力和业务管理能力建设,全面推进人工影响天气业务化进程,提升人工影响天气科技支撑能力和综合服务效益。

2017 年 5 月,国务院办公厅《政务信息系统整合共享实施方案》(国办发〔2017〕39 号)要求按照统一工程规划、统一标准规范、统一备案管理、统一审计监督、统一评价体系的"五个统一"总体原则,有序组织推进政务信息系统整合,切实避免各自为政、自成体系、重复投资、重复建设;要求推动政务信息化建设模式优化,政务数据共享和开放在重点领域取得突破性进展。

把筑牢祖国北方重要生态安全屏障作为内蒙古自治区的政治责任和历史使命,加强生态文明建设、推进绿色发展,像保护眼睛一样保护生态环境,像对待生命一样对待生态环境,进一步筑牢我国北方重要生态安全屏障。

2018 年,内蒙古自治区气象局结合部门内外需求,落实《内蒙古自治区气象事业发展"十三五"规划(2016—2020 年)》、"互联网＋"和大数据发展战略要求,提出建立全区统一的气象大数据综合应用平台,健全气象信息业务标准规范体系,优化整合数据环境、基础设施、业务应用等核心资源,充分利用现代信息技术,建成资源高效利用、数据充分共享、流程高度集约的气象信息化体系,提升自治区气象信息化整体水平。

气象大数据综合应用平台的建设是自治区大数据建设不可或缺的组成部分,是推进实施政务信息资源整合共享工作的重要举措。通过该平台的建设实施,有助于进一步挖掘气象数据的应用价值,为推动政府信息系统和公共数据互联共享提供有力支撑和宝贵经验,更好地服从和服务于新时代中国特色社会主义发展战略,强化气象综合防灾减灾职能、生态文明气象保障职能、气象为农服务职能,推动气象服务提质增效。

1.2　数据驱动成为气象现代化建设的核心特征

气象事业的发展也早已融入到政治、经济、民生等各领域的发展中,国家防灾减灾救灾体系建设、生态文明建设、"一带一路"建设以及关乎国家安全的军民融合工程建设均提出了对气象数据及服务产品的明确需求,大数据开发成为气象部门重塑竞争优势的新机遇。充分利用气象部门的数据规模优势,实现数据规模、质量和应用水平同步提升,发掘和释放数据资源的潜在价值,有利于更好发挥数据资源的战略作用,有效提升部门竞争力,使其成为国家大数据平台的重要组成部分,是当前气象业务发展的迫切之举。

1.2.1　气象业务发展产生大数据

气象行业累积了海量的数据,数据体量已经达到了 PB 级,具有大数据的海量特征;气象及气象敏感行业的数据种类繁多,包括各类结构化和非结构化的数据,具有大数据的多样性;

气象数据采集频率从逐天、逐时至逐秒,具有大数据的更新的高速性;在气象防灾减灾救灾领域,气象数据价值往往随着预警效用随时间呈断崖式下跌,必须第一时间实现"气象＋"影响的价值性挖掘。

1.2.1.1　内蒙古气象业务数据规模

（1）在线数据

依托全国综合气象信息共享平台建成的全区统一的气象数据环境,每日实时收集来自国内外气象观测数据、加工处理后产品数据以及部门间交换数据等多种数据。数据种类包括:地面、高空、辐射、农业气象和生态气象、大气成分、卫星、雷达、气象灾害、数值预报产品、气象服务产品和其他资料(如海洋)共 11 大类。现有数据如表 1-1 所示。

表 1-1　数据增量及存储期限详细信息

资料种类	标识符	现存数据量(TB)	存储期限	数据类型
地面	SURF	3.182	5 年存储	结构化数据
高空	UPAR	1.76	5 年存储	结构化数据
海洋	OCEN	0.9	5 年存储	结构化数据
辐射	RADI	1.204	5 年存储	结构化数据
农业气象	AGME	0.657	5 年存储	结构化数据
大气成分	CAWN	1.131	5 年存储	结构化数据
数值预报	NAFP	87.6	5 年存储	非结构化数据
气象灾害	DISA	0.0009	5 年存储	非结构化数据
雷达	RADA	8.01	5 年存储	非结构化数据
卫星	ASTE	42.75	5 年存储	非结构化数据
服务产品	SEVP	3.34	5 年存储	非结构化数据
总量		150.53		

其中结构化数据包含地面、高空、海洋、辐射、农业气象、大气成分等种类的数据,6 种数据现存数据量为 8.8 TB。

非结构化数据包含数值预报、气象灾害、雷达、卫星、服务产品等种类的数据,5 种数据现存数据量为 141.7 TB。

考虑各个存储库的年增长量,未来 5 年平均年增长率按照 20％计算,按照计算公式:$S=A_1 \times (1+Q)^5$(A_1 为第一年数据存储量,Q 为年增长率)进行计算:

结构化数据未来 5 年数据存储量为 $8.8 \times (1+20\%)^5 = 22$(TB)。

非结构化数据未来 5 年数据存储量为 $161.7 \times (1+20\%)^5 = 402.36$(TB)。

（2）离线数据

通过历史资料拯救及数字化工作,收集整理了全自治区新中国成立前后的各类纸质气象记录档案资料、各类气象记录档案数字化图像文件、台站归档电子资料、录入的历史资料数据集、中国气象局下发数据集、整编数据等文本文件;通过定期制作和各台站汇交的地面、高空、辐射月报和年报资料。累积长序列数据集总量约 20 TB。具体如表 1-2 所示。

表 1-2　数字化历史资料数据量详细信息

数据类型	数据量(TB)	存储期限
数字化扫描图像	6	5 年存储
数字化录入和提取	0.03	5 年存储
中国气象局下发数据集	0.01	5 年存储
2005 年开始自动站数据文件(报文)	10	5 年存储
盟(市)台站上报归档数据文件	2	5 年存储
总量	18.04	5 年存储

考虑各个存储库的年增长量,未来 5 年平均年增长率按照 20% 计算,按照计算公式:$S = A_1 \times (1+Q)^5$(A_1 为第一年数据存储量,Q 为年增长率)进行计算:非结构化数据未来 5 年数据存储量为 $18.04 \times (1+20\%)^5 = 44.88$(TB)。

1.2.1.2　内蒙古气象业务数据处理能力

(1)计算存储融合型服务器 3 台

为了满足计算处理需要,配置计算存储融合服务器 3 台,用于 DOCKER 引擎(一个开源的应用容器引擎)部署,构建容器实例、容器集群,实现集群管理和构建容器本地存储集群。

(2)管控服务器 2 台

为了满足容器管理控制,配置管控服务器 2 台,用于 DOCKER 引擎集群管理模块部署。

(3)数据库服务器 7 台

分布式存储资源按照数据形态、资源的使用方式以及访问效率要求,分为结构化数据库基础库、分析存储库、分布式表格系统三类服务器。

每类数据按分布式三副本存储策略,按照数据库服务器冗余配置原则,三类服务器共需要 18 台数据库服务器,其中结构化数据库基础库服务器 3 台,分析存储库服务器 6 台,分布式表格系统服务器 9 台。每台服务器处理能力如下:

1)处理能力估算

峰值连接:4000 个;每个连接:10 个数据库访问;每个数据库访问:5~10 TPM(Transaction Per Minute 每分钟事务处理量,以下简称 TPM);则应用要求服务器的 TPC-C 为:4000 × 10 × 10 = 400000 TPM;系统本身要消耗 30% 的系统资源,则应用与系统要求服务器的 TPC-C 为:400000 TPM ÷ 0.7 = 571428 TPM;考虑服务器保留 30% 的冗余。

则数据库服务器的处理性能估算为:TPC-C = 571428 TPM ÷ 0.7 = 816326 TPM,建议选取 28 核 CPU 的数据库服务器。

2)存储容量估算

根据现有结构化数据资源量 8.8 TB,以及未来 5 年结构化数据资源数据增长需求,经过估算分析,分布式关系型存储需求总量约 22 TB,采用分布式固态盘存储方式。单服务器设计 SSD 高速存储设备为 12.8 TB,数据按分布式三副本存储策略。

(4)计算应用服务器 3 台

为了实现数据实时采集、质量检验等预处理工作以及数据库入库等更高效率的并行化处理,满足气象业务分布式流式计算业务的底层平台的需求配置计算应用服务器。

(5)为满足数据采集需求,配置采集服务器 7 台,其中 1 台用于消息交互、3 台用于分布式环境 Storm 解码入库地面资源,3 台用于处理其他资料。

(6)为了满足数据同步需要,配置 4 台同步服务器,其中 1 台用于地面分钟报、3 台用于处理其他资料。

(7)为了满足 GIS、存储管理、共享服务、展示应用需要,配置 3 台应用服务器。

(8)为了满足雷达拼图、分布式环境计算处理,配置数据加工处理服务器 5 台,其中 2 台用于雷达拼图,3 台用于分布式环境计算处理。

1.2.2　数据驱动数值预报业务系统

1.2.2.1　存储量

存储量主要根据数值预报业务系统每日运行需要的驱动资料、模式每日生成的数据文件和产品以及数值预报检验系统需要的观测数据和检验结果及中国气象局每日下发的集合预报和确定性预报等资料的存储量来测算。

根据表 1-3 统计,高性能计算机系统每日存储资料的空间大约需要 $12+64+124+8+8+720+26.4+1.5+72+8+10+2=1055.9$ GB,即约 1 TB,为了更好满足业务与科研需求,需要资料存储 3 年,所以高性能计算机系统需要的存储空间为 1 TB×365 天×3 年＝1095 TB,约 1 PB。本次对现有分布式存储设备进行扩容,满足上述 1 PB 存储需求。其中图片、文本格式的模式预报产品、风能产品回存大数据管理云平台非结构化存储系统按 5 年估算,存储量约 20 TB。

表 1-3　高性能计算机系统存储资料详细信息

序号	资料名称	数据量 (GB/d)	数据类型 (可多种)	数据说明	测算依据
1	NCEP GFS 资料	12	GRIB 格式数据	数值预报系统业务数据	一天 4 次,每次 3 GB
2	MICAPS 资料	64	文本	业务数据	一天 8 次,每次 8 GB
3	集合预报	124	GRIB 格式数据	业务数据	一天 2 次,每次 62 GB
4	确定性预报	8	GRIB 格式数据	业务数据	一天 2 次,每次 4 GB
5	模式驱动数据	8	GRIB 格式数据	业务数据	一天 8 次,每次 1 GB
6	模式数据	720	NC 格式数据	业务数据	一天 8 次,每次 90 GB
7	模式初始场数据备份	26.4	NC 格式数据	业务数据	一天 8 次,每次 3.3 GB
8	检验结果	1.5	文本数据	业务数据	一天 8 次,每次 192 MB
9	模式产品	72	NC 格式数据	业务数据	一天 8 次,每次 9 GB
10	风能产品	8	NC 格式数据	业务数据	一天 8 次,每次 1 GB
11	模式预报产品	10	文本、图片	业务数据	一天 8 次,每次 1.25 GB
12	风能产品	2	文本、图片	业务数据	一天 8 次,每次 250 MB

1.2.2.2　处理能力

高性能计算机所需计算能力主要是通过类比法计算得出,该方法是国内外气象应用高性能计算资源需求测算的通用方法,基本思想是以现行模式运行所需计算资源作为基数,按照未来模式规格、参数的变化,按照比例同比变化。具体而言,未来模式总的格点数(经度、纬度和垂直方向格点数的乘积)和模式积分步数(预报时效/时间步长)与现行模式的比,以线性增长方式推算未来数值模式的计算资源需求。即:

$$P_{未来}=P_{现在}\times\frac{未来模式的(N_{lat}\times N_{lon}\times N_{vert}\times(L_{fcast}/T_{step}))}{现行模式的(N_{lat}\times N_{lon}\times N_{vert}\times(L_{fcast}/T_{step}))}$$

其中,$P_{未来}$和$P_{现在}$分别是未来模式和现行模式需要的计算资源,N_{lat}和N_{lon}分别表示模式的纬度和经度方向的格点数,N_{vert}表示模式的垂直层次,L_{fcast}表示模式的预报时效,T_{step}表示模式的积分步长。

现行数值模式高性能计算资源经核算为 37 TFLOPS(Tera Fldatingpoint Operations Per Second 每秒万亿次的浮点运算),因此,根据上述公式,未来数值预报所需计算资源为:

$$P_{未来}=37\ TFLOPS\times\frac{751\times851\times50\times(72\times3600\div60)}{309\times337\times50\times(72\times3600\div30)}=113.2\ TFLOPS$$

根据上述公式得出未来数值预报所需计算资源为 113.2 TFLOPS。同理,内蒙古区域混合资料同化预报系统,水平分辨率为 3 km,集合成员数为 21 个,预报时效为 48 h,经核算每日运行需要 30 TFLOPS。

为提高模式应用水平,需不断测试模式同化新技术、新方法,需要科研测试计算能力 27 TFLOPS。

因此,在未来数值预报所需的高性能计算资源为 170 TFLOPS,其中包括未来数值预报所需计算资源 113.2 TFLOPS,内蒙古区域混合资料同化预报系统所需计算资源 30 TFLOPS,科研测试计算资源 27 TFLOPS。

1.2.3　数据驱动人工影响天气业务

1.2.3.1　存储量

(1)统计业务系统当前数据分库存储情况

数据存储量分析依据内蒙古人工影响天气业务所涉及的雷达、卫星云图、大气探测、地面观测和人工影响天气特种观测等数据的数据量进行测算。数据存储量包括基本业务数据量和数据分析派生的数据量。

根据表 1-4 统计,人工影响天气海事卫星空地指挥系统数据库现用存储量为 7.2 TB。现存数据量基于历年累积的数据量进行统计,各类数据每年进行整理和提取,离线存储,统一管理。

(2)未来 5 年的数据增量考虑

按照现行业务运行情况,每年新增数据存储量约为 4.7 TB,年底对数据进行整理和提取,数据提取后离线存储管理并清空历史数据库。考虑预计未来 5 年人工影响天气飞机新增机载摄像装备及其他大气探测设备,综合考虑各类数据的年增长量,未来 5 年平均年增长率按照 10% 计算,按照计算公式:$S=A_1\times(1+Q)^5$(A_1 为第一年数据存储量,Q 为年增长率)进行计算,系统未来 5 年数据存储量为 $4.7\times(1+10\%)^5=7.6(TB)$。

表 1-4　人工影响天气空地指挥数据库存储数据量估算

序号	数据量（TB）	数据类型（可多种）	数据说明	测算依据
1	0.7	长二进制、图片	雷达基数据及二次分析数据	数据库工具
2	0.3	文本	MICAPS 数据	
3	1	长二进制	卫星云图	
4	1.2	16 进制浮点数	设备状态数据、飞机位置轨迹数据、作业状态数据、云水常规数据、云物理大气探测数据及二次分析数据等飞机端获取的综合数据	
5	3.78	模式数据	人工影响天气预报模式数据	
6	0.2	长二进制、16 进制浮点数、文本	人工影响天气特种观测数据及二次分析数据	
7	0.01	音频、文本	卫星语音、卫星短信	
8	0.01	文本、图片	作业方案、空地传输的文本文件	
总量	7.2			

1.2.3.2　处理能力

人工影响天气海事卫星空地通信指挥系统主要用于空地数据的相互传输，数据均基于气象大数据管理云平台进行存储，且数据存储量小，气象大数据管理云平台完全能够满足人工影响天气海事卫星空地通信指挥系统的数据处理和存储要求。

1.2.4　数据驱动生态监测评估业务

1.2.4.1　存储量

数据存储量分析依据内蒙古生态监测评估业务和遥感监测业务以及业务的发展情况。数据存储量包括基本业务数据量和数据分析派生的数据量。

（1）统计业务系统当前数据分库存储情况

根据表 1-5 统计，生态数据分析系统的信息量现有总计为 22.5 TB。

表 1-5　生态数据分析系统存储数据量估算

序号	存储库名称	数据量（TB）	数据类型（可多种）	数据说明	测算依据
1	业务产品气象查询数据库	1.5	数据库	产品基础资料数据	数据库工具
2	产品中间数据	1.5	图片、文档、中间数据	备份数据	数据库工具
3	遥感监测数据库	10	遥感数据	遥感 0、1、2 级数据	数据库工具
4	无人机监测数据	8	图像	无人机航拍	数据库工具
5	生态监测评估	1.5	文本、图像、文档	业务数据、分析数据、培训数据	数据库工具

（2）未来 5 年的数据增量考虑

考虑各个存储库的年增长量，未来 5 年平均年增长率按照 20% 计算，按照计算公式 $S=A_1\times(1+Q)^5$（A_1 为第一年数据存储量，Q 为年增长率）进行计算，生态数据分析系统未来 5 年数据存储量为 $22.5\times(1+20\%)^5=55.98$（TB）。

1.2.4.2　处理能力

生态监测评估子系统与遥感监测子系统主要处理数据为生态监测数据和无人机载荷等设备产生的数据。日需求处理量见表 1-6。

表 1-6　日需求处理量估算表

业务系统	日处理数据量(GB)	处理速度
生态气象监测评估子系统	5	1 GB/h
遥感数据分析应用子系统	50	100 景影像/d

每天需要处理 55 GB 数据量，要求在 2 h 处理完成，共需要 20 台工作站。为保证野外工作人员工作需求，配置 5 台移动工作站。

1.3　数据驱动的气象业务发展面临诸多问题

虽然自治区气象部门在数据综合应用方面积累了一定的成功的技术、经验，但仍存在一些问题，主要表现为：

一是数据管理普遍薄弱，价值大打折扣。经过多年发展，内蒙古自治区气象信息化能力不断提高，气象数据存储与服务能力不断增强，天气预报、气候预测和数值预报业务以及科研系统的基础资源环境大幅度改善，但面向大数据服务的现实需求，存储、共享数据种类不完整，数据供应不足，自治区生态气象观测、人工影响天气观测及多部门行业共享数据没有实现快速采集并纳入统一规范化管理，难以发挥其应有的应用价值。

二是信息系统林立，阻碍数据共享。数据存储服务不够高效，数据存储服务技术架构急需升级，用于满足业务发展对弹性灵活的资源分配管理需求及对海量增长的气象大数据的高效存储、计算与分析应用需求；气象与相关部门的数据交换的壁垒问题需要突破，跨部门、跨存储平台的数据交换共享接口、共享流程机制需逐步建立并完善；气象大数据融合应用能力需进一步提高，气象大数据价值还没有得到充分挖掘，融合数据在开展生态监测分析评估、支撑网格化气象观测产品、提升观测数据质量控制水平等方面的应用还有待进一步深入和拓展。

三是预报精细化水平亟待提升。内蒙古气象预报的精细化水平尚不能满足内蒙古自治区气象防灾减灾、重大活动气象保障工作需要，不能满足人民日益增长的美好生活需要。面对雷暴、冰雹、龙卷等中小尺度强对流天气严重灾害，面对重大活动的精细化场馆气象保障，面对广大人民群众的无缝隙全方位的精细化气象服务需求，进一步提升气象预报的精准化水平是当前的主要任务。内蒙古自治区气象事业发展"十三五"规划中要求，建成从分钟到年的无缝隙集约化预报预测业务体系，发展内蒙古精细化数值预报，气象要素预报产品空间分辨率达 1 km，逐小时滚动。因此，内蒙古要加快建设全区精细化智能网格预报业务，实现时间和空间分辨率分别为 10 min 和 1 km 的业务能力，满足全方位气象服务需求，内蒙古数值预报业务系统全区空间分辨率需从 9 km 提升至 3 km，以现有高性能计算机计算峰值 37 TFLOP、存储

108 TB 的设备库存,不能满足业务需求。

四是生态监测数据应用水平亟待提升。生态监测表现为单点、单线、单时次(地面观测是点测,无动力探空、风廓线雷达是垂直向线测,遥感观测是单时次观测),无法获取完整的三维同步数据,生态监测评估多集中于单独生态要素的评估,多源生态数据未能得到有效利用,难以充分满足当前业务应用和气象服务的需求;与航天科技、传感器技术等相结合的遥感数据已呈现出明显的大数据特征,现有的存储与计算能力不能满足开展大数据应用的需求;数据融合应用水平较低,高附加值的多源数据资源未实现从数据到价值的转化;生态文明建设对生态遥感产品提出了更高的要求,高级定量化的生态遥感类监测产品亟待开发。

五是人工影响天气业务支撑能力亟待加强。人工影响天气(以下简称"人影")业务不能充分发挥对内蒙古自治区生态文明建设、农牧业防灾减灾、森林草原防扑火和重大社会保障的支撑作用,其中一个重要的影响因素是人影飞机与人影指挥中心的空地通信能力弱,使人影决策指挥的数据支撑不足,实时指挥飞机作业的能力薄弱。应依托海事卫星通信技术,建成人工影响天气海事卫星空地通信指挥系统,实现空地一体化通信指挥,进一步提升人影业务的信息化水平。

1.4 建设气象大数据综合应用平台有助于破解气象业务难题

从以上问题中不难发现,气象现代化建设亟需建立统一的数据治理机制,而建设气象大数据综合应用平台(以下简称"平台"),就成为了必由之路。

平台有助于气象大数据管理能力进一步增强。数据覆盖更广,气象大数据集约化管理实现气象部门数据的全覆盖,行业和社会数据种类不断丰富,服务性能更高,系统最大并发用户达 1500 人,日高峰访问量约 1500 次/min,实现部门内外用户亚秒级数据响应。基础支撑更足,新建虚拟化容器服务资源池,新建分布式数据库有效存储空间 22 TB,满足当前及未来 5 年气象大数据管理云平台结构化数据增长需求,扩充文件存储池有效空间 481.05 TB,满足未来 5 年气象大数据管理云平台非结构化数据增长需求。

平台有助于气象预报精细化程度进一步提高。高性能计算机的能力大幅度提升,计算能力提升至 170 TFLOPS,存储能力提升至 1 PB(王彬 等,2018)。气象预报产品时空精度显著提高,到 2020 年,构建内蒙古从分钟到 10 d 的无缝隙精细化智能网格气象预报业务:0~2 h 预报逐 10 min 滚动制作,时间和空间分辨率分别达到 1 h 和 1 km;3~12 h 预报逐小时滚动制作,时间和空间分辨率分别达到 1 h 和 1 km;12~72 h 预报每 3 h 滚动制作,时间和空间分辨率分别达到 1 h 和 2.5 km;4~10 d 预报每 6 h 滚动制作,时间和空间分辨率分别达到 6 h 和 5 km。内蒙古数值预报业务全区范围时间和空间分辨率达到 1 h 和 3 km,多源资料融合分析预报技术全区范围时间和空间分辨率分别达到 10 min 和 1 km。

平台有助于进一步提升人影业务的信息化水平。建成人工影响天气海事卫星空地通信指挥系统,实现空地一体化通信指挥,使人影空地通信能力达到最大 256 kbps,通过空地数据实时传输,实现飞机大气探测数据与雷达数据、卫星数据、地面观测数据和人影特种观测数据等多源数据的融合应用,使人影业务的科学化水平和作业效益进一步提高。

平台有助于生态气象监测评估能力进一步拓展。建成无人机观测系统,弥补观测短板、加强高空探索手段,实现观测空间和时间的拓展,无人机及载荷性能达到任务载荷≥3 kg,悬停垂直精度±0.5 m,负载悬停时间≥30 min,最大通信距离≥3 km,光谱分辨率为8 nm;基于多源生态数据的综合分析,开展内蒙古生态气象监测评估类业务,针对不同生态系统和生态问题,发布月、季、年及年代际多时间尺度生态气象监测评估产品,开展对生态脆弱区、敏感区、重点生态保护与建设区动态变化及其影响专项评估业务。生态监测数据空间分辨率达到5 km,森林草原火灾、沙尘、雾霾、积雪、城市热岛、城市大气污染生态遥感产品时间分辨率达到10 min,空间分辨率达到1 km。

第 2 章 内蒙古气象大数据综合应用平台现状分析

2.1 内蒙古气象大数据综合应用平台建设情况

2.1.1 建设历程

2017 年 8 月,内蒙古自治区气象局向自治区发展和改革委员会(以下简称"发改委")申报"内蒙古自治区气象大数据综合应用平台项目",申请立项。

2018 年 2 月,自治区发改委下达了《内蒙古自治区发展和改革委员会关于内蒙古自治区气象大数据综合应用平台项目建议书的批复》(内发改高技字〔2018〕181 号),正式批复同意项目建议书。

2018 年 3 月,自治区发改委下达了《内蒙古自治区发展和改革委员会关于内蒙古自治区气象大数据综合应用平台项目可行性研究报告的批复》(内发改高技字〔2018〕278 号),"为实现对气象及相关行业部门数据的集约化、标准化汇集管理,促进气象信息资源整合共享,满足精细化格点天气预报服务需求,提升人工影响天气作业指挥信息化水平,有效促进气象业务服务能力的提升,同意建设内蒙古自治区气象大数据综合应用平台项目",正式批复同意项目可行性研究报告。

2019 年 2 月,自治区发改委下达了《内蒙古自治区发展和改革委员会关于内蒙古自治区气象大数据综合应用平台项目初步设计的批复》(内发改高技字〔2019〕108 号),确定了项目内容:"气象大数据管理云平台、高性能计算机系统、人工影响天气海事卫星空地通信指挥系统、生态数据分析系统,建设总投资 3189 万元,建设周期 24 个月,由自治区气象局承担建设。"

历经两年建设,按照批复建设内容,内蒙古自治区气象局圆满完成了"一平台三系统"(气象大数据管理云平台、高性能计算机系统、人工影响天气海事卫星空地通信指挥系统、生态数据分析系统)建设任务,并投入业务运行,实现了预期建设目标。平台初步形成"数算一体"的能力,面向业务应用形成了数据应用融入支撑、算法集成与调度支撑、高性能算力支撑、生态遥感业务服务支撑、人工影响天气服务支撑等能力。

2.1.2 建设成果

气象大数据综合应用平台是贯彻落实"创新、协调、绿色、开放、共享"五大发展理念,利用云计算、物联网、移动互联网、大数据等新一代信息技术,围绕"一平台三系统"架构建设而成。其中,建成了气象大数据管理云平台,实现对气象及相关行业部门数据的集约化、标准化汇集管理,促进气象信息资源整合共享,挖掘气象大数据应用价值;建成了高性能计算机系统,提升高性能计算能力,满足精细化格点天气预报服务需求;建成了人工影响天气海事卫星空地通信指挥系统,提升了人工影响天气作业指挥信息化水平;建成了生态数据分析系统,提升生态气象监测评估能力。

平台建设成果有效促进了气象业务服务能力的提升,有效支撑和服务政府大数据平台建设,支撑和服务行业部门气象大数据应用,支撑和服务气象大数据在气象防灾减灾、自治区生态文明建设、社会治理、公共服务领域的应用。

(1)气象大数据管理云平台

利用大数据技术,建立了统一驱动数据的元数据管理体系,实现对部门内、外气象常规观测资料、人工影响天气观测资料、生态遥感资料、气象服务产品、行业部门相关数据的集约化、标准化、统一存储管理;基于统一流程和标准规范实现了数据的高效写入、查询及下载服务;构建了横向集成、纵向贯通、开放共享的气象大数据管理云平台;基于基础地理信息实现了结构化气象数据查询统计展示以及观测实况、预报预警、行业数据融合展示。健全信息网络安全系统,建立了基础设施资源的弹性调配保障机制,实现资源内外一体融合应用。

最大提供超过 80 个 2 核 8 GB、4 核 8 GB 等不同规格的容器实例,新建分布式数据库存储空间 30 TB,满足当前及未来 3 年气象大数据管理云平台结构化数据增长需求,扩充文件存储池有效空间 500 TB、能够满足未来 5 年气象大数据管理云平台非结构化数据增长需求。

(2)高性能计算机系统

扩容了高性能计算机系统,完善机房配套设施环境,提升系统的并行计算、存储能力,有效支撑内蒙古数值预报业务系统运行、实时检验、解释应用和试验测试,实现覆盖全区时空分辨率达到 1 h、3 km 的数值预报业务,满足内蒙古从分钟到 10 d 的无缝隙精细化智能网格气象预报业务需求。

(3)人工影响天气海事卫星空地通信指挥系统

在内蒙古自治区人工影响天气中心增雨飞机上建立了一套人工影响天气海事卫星空地通信指挥系统,基于海事卫星通信技术,实现雷达探测显示、作业计划方案显示、飞机位置轨迹显示、设备状态显示、实时数据传输、海事卫星控制、短信收发管理、文件资料传输等功能,提升人工影响天气业务的信息化水平。

(4)生态数据分析系统

建立了无人机观测系统,构建"天基、空基、地基"一体化的生态大数据体系,加强生态遥感数据分析应用能力,基于基础地理信息、遥感监测资料、综合气象数据、气候统计资料、生态观测资料等多源数据的综合分析,开展内蒙古生态气象监测评估业务,针对不同生态系统和生态问题,发布多时间尺度生态气象监测评估产品,开展对生态脆弱区、敏感区、重点生态保护与建设区动态变化及其影响专项评估业务,提升生态文明建设保障能力。

2.1.3　既有资源利用情况

按照集约化、标准化、规范化的气象信息化思路,在建设初期综合考虑平台建设目标和现有资源状况,力求充分利用现有资源。

(1)基础设施资源部分

根据基础设施资源在气象大数据管理云平台中业务应用的角色,可分为虚拟化资源、分布式物理资源、数据/文件存储资源,共三大类。遵循资源充分利用和按需扩建的建设原则,利用现有资源及建设情况如表 2-1 和表 2-2 所示。

表 2-1　利用现有资源情况

类型大类	类型小类	建设原则
虚拟化资源	虚机服务	完全利用现有资源
虚拟化资源	容器服务	新建
分布式物理资源	分布式计算服务	部分利用现有资源
分布式物理资源	数据存储支撑服务	部分利用现有资源
数据/文件存储资源	非结构数据存储服务	扩建

表 2-2　利用现有设备数量

序号	设备名称	初设所需数量(台)	新增设备数量(台)	可利用现有数量(台)	备注
1	虚拟化资源	28	5	23	管控节点,其中新增 5 台作为容器计算环境
2	分布式计算资源	19	3	16	计算应用服务器
3	分布式存储资源	18	7	11	数据库服务器

（2）网络安全部分

根据平台设计的信息系统对等级保护三级安全体系建设需求,结合目前气象网络安全保护的实际情况,利用现有设备如表 2-3 所示。

表 2-3　利用现有设备数量

序号	设备名称	初设所需数量(台)	新增设备数量(台)	可利用现有数量(台)	备注
1	互联网防火墙	2	0	2	2 台防火墙互为主备
2	同城通信防火墙	2	0	2	2 台防火墙互为主备
3	政务外网防火墙	1	0	1	
4	IPS 入侵防御（Intrusion Prevention System 入侵防御系统,以下简称 IPS）	1	0	1	
5	IDS 入侵检测（INTRUSION DETECTION SYSTEMS 入侵检测系统,以下简称 IDS）	1	0	1	
6	日志审计平台	1	0	1	
7	数据库审计平台	1	0	1	
8	数据备份系统	1	0	1	

（3）数据传输部分

内蒙古自治区气象部门已建成的数据收集渠道包括全区气象观测、全球气象数据接收及行业数据交换等。数据收集和分发工作由"国内通信系统"及"中国气象局卫星广播系统"完成,该系统由国家气象信息中心统一研发并在内蒙古自治区实现本地化,本平台数据传输的相关需求利用现有的前述两套系统。

2.1.4　组织实施情况

（1）平台建设单位与职能

平台建设单位由内蒙古自治区气象局承担。内蒙古自治区气象局是科技型、基础性社会公益事业单位，秉承"公共气象、安全气象、资源气象、生态气象"的发展理念和"以人为本，无微不至、无所不在"的服务宗旨。在管理体制上实行上级气象部门与地方政府双重领导，以气象部门领导为主，并实行与双重管理体制相适应的双重计划财务体制。2022年，自治区气象局设10个处室，自治区级有12个直属单位，自治区级在职职工502人。学历结构：博士18人，硕士206人，本科233人。职称结构：高级职称166人（正研级20人，副研级146人），中级职称155人。

随着全区气象部门业务现代化建设快速发展，初步建成门类比较齐全、布局基本合理的天、空、地立体化气象综合监测网、气象信息网络系统、气象预报预测系统、人工增雨防雹系统、卫星遥感气象服务系统、气候资料处理分析服务系统和以决策服务、公众服务、专业服务为主的综合气象服务系统等，明显提高了气象业务服务能力，为自治区防灾减灾和经济发展做出了重要贡献。

其主要职能包括：

1)制定地方气象事业发展规划、计划，并负责本行政区域内气象事业发展规划、计划及气象业务建设的组织实施；负责本行政区域内重要气象设施建设项目的审查；对本行政区域内的气象活动进行指导、监督和行业管理。

2)按照职责权限审批气象台站调整计划；组织管理本行政区域内气象探测资料的汇总、分发；依法保护气象探测环境；管理本行政区域内气象标准化工作和涉外气象活动。

3)在本行政区域内组织对重大灾害性天气跨地区、跨部门的联合监测、预报工作，及时提出气象灾害防御措施，并对重大气象灾害做出评估，为本级人民政府组织防御气象灾害提供决策依据；管理本行政区域内公共气象服务工作；管理本行政区域内公众气象预报、灾害性天气警报以及农业气象预报、城市环境气象预报、火险气象等级预报等专业气象预报的发布。

4)组织制订和实施本行政区域气象灾害防御规划；组织本行政区域内气象灾害防御应急管理工作；负责本行政区域内突发公共事件气象保障工作。

5)制定人工影响天气作业方案，并在本级人民政府的领导和协调下，管理、指导和组织实施人工影响天气作业；组织管理雷电灾害防御工作，会同有关部门指导对可能遭受雷击的建筑物、构筑物和其他设施安装的雷电灾害防护装置的检测工作。

6)负责向本级人民政府和同级有关部门提出利用、保护气候资源和推广应用气候资源区划等成果的建议；组织对气候资源开发利用项目进行气候可行性论证；参与自治区人民政府应对气候变化工作，组织开展气候变化影响评估、技术开发和决策咨询服务。

7)组织开展气象法制宣传教育，负责监督有关气象法规的实施，对违反《中华人民共和国气象法》有关规定的行为依法进行处罚，承担有关行政复议和行政诉讼。

8)统一领导和管理本行政区域内气象部门的计划财务、机构编制、人事劳动、科研和培训以及业务建设等工作；会同盟（市）级人民政府对所辖气象机构实施以部门为主的双重管理；会同地方党委和人民政府做好当地气象部门的精神文明建设和思想政治工作。

9)负责气象大数据综合应用平台建设、运行和维护。

10)承担中国气象局和自治区人民政府交办的其他事项。

（2）平台实施机构与职责

平台实施单位由内蒙古自治区气象信息中心、内蒙古自治区气象台、内蒙古自治区气象科学研究所、内蒙古自治区生态与农业中心联合组成。

项目实施单位职能：

1）全面负责项目前期工作。

2）配合自治区政府理顺并协调项目建设中的各种关系。

3）负责建设项目的决策与管理。

4）负责投资计划落实和安排，政府采购和招标具体事务。

5）审定项目建设招标要求和重大项目合同的签订。

6）具体组织项目的实施。

7）检查和督促项目实施过程中各项工作，包括项目日常管理工作、建设监督、日常事务管理。

8）负责整个项目的技术管理和工程计划制定。

9）负责财务管理和项目合同管理。

10）负责自治区气象大数据综合应用平台运行、管理、监控和维护。

2.2　内蒙古气象大数据综合应用平台业务特点分析

2.2.1　气象大数据管理云平台

（1）业务功能

气象大数据管理云平台是对原有的统一的数据环境的升级，面向部门内网、电子政务外网、互联网，支持众创应用。云平台面向行业用户、企业用户、科研用户、公众用户，支持回归、聚类、决策树、神经网络、遗传算法等机器学习算法以及各类业务系统特色算法的接入，支持各类基础数据，以及预报、气候、生态、人工影响天气等数据产品的采集、管理和数据挖掘分析等应用。云平台基于云计算、大数据等新的信息技术，实现了对气象部门内外数据的汇聚，优化数据交换、入库、加工和服务流程，开放信息系统的平台、数据和算法资源，促进实现气象"云十端"的应用和服务众创发展模式，全面提升了气象业务和服务水平。

（2）业务流程

气象大数据管理云平台采用大数据处理技术，全新构建了气象数据处理流程，完成地面、高空、雷达、数值预报、卫星等核心数据，以及灾害、农气等新汇交数据的接入；建立了气象算法库、实现对气象算法的统一管理；建立产品加工流水线，实现加工处理任务的统一调度管理；建立了以分布式存储技术为主的数据存储平台，构建结构化数据与非结构化数据相结合的气象数据存储体系；建立了新的数据服务接口，实现实时业务数据请求亚秒级响应；支持多源异构数据库的接入，支持文件存储索引信息的高效写入，建立服务接口网关，对用户接口使用进行精确化的管理；利用人工智能和大数据可视化技术，整合了各类气象数据，实现观测实况、预报预警、行业数据一张网融合展示；通过"全流程、一体化、可视化"的综合业务监控系统，实现了对气象综合业务的全流程监控，对监控信息采集和运维报表的统一管理，实现业务系统运行的高效运维管理。业务流程如图 2-1 所示。

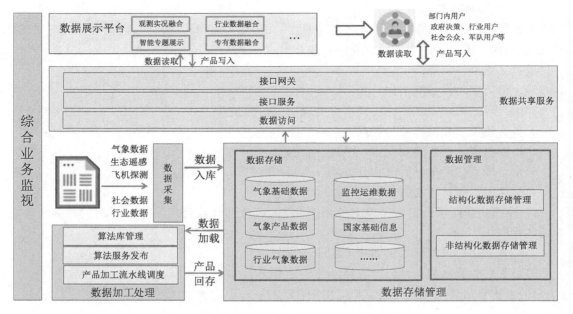

图 2-1　气象大数据管理云平台业务流程示意图

（3）业务量

气象大数据管理云平台对气象大数据资源进行全流程规范化管理。对气象及相关领域数据进行快速汇聚、交换、质量控制和入库；基于算法库和加工流水线，对数据进行加工处理，生产丰富和高质量的统计类、网格化、组网拼图、天气气候分析等产品；完成 200 余种数据产品服务，截至 2020 年 12 月用户数达 300 个，同时支持动态用户数达 1500 人，最大支持同时检索和下载资料并发数达 1500 次/min，实现部门内、外用户亚秒级数据响应。对气象大数据进行规范管理，实现实时历史一体化的在线存储，提供统一、便捷、丰富的数据服务接口（刘媛媛 等，2021）。开放内部的数据管理能力，包括数据交换、产品加工、存储服务等，直接提供"生态数据分析系统"和"人工影响天气海事卫星空地通信指挥系统"使用。

自气象大数据管理云平台运行以来配备 5～8 人轮流值班，以确保气象大数据管理云平台系统正常运行。云平台每小时收集、解码、存储、共享数据量约 14 GB，资料全流程管理均通过气象大数据管理云平台自动实现。

2.2.2　高性能计算机系统

（1）业务功能

依托于高性能计算机系统，内蒙古数值预报业务系统完成以下业务：

实现了全区范围内，空间分辨率为 3 km、时间分辨率为 1 h 的内蒙古数值天气预报业务，能够支撑全区范围内 0～12 h 的 1 km 空间分辨率、10 min 快速更新循环的精细化网格预报业务以及空间分辨率为 2.5 km 的智能化网格预报业务。具体业务功能结构如图 2-2 所示。

（2）业务流程

针对内蒙古本地气候特点和预报业务需求，设计并建立了"内蒙古数值预报业务系统"，该系统由数据收集处理系统、数据质量控制系统、数值预报系统、资料同化系统、数值预报解释应

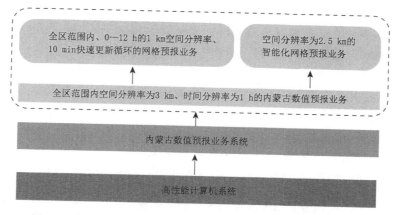

图 2-2　高性能计算机系统支撑的内蒙古数值预报业务功能结构

用系统、数值预报检验系统等 6 个子系统组成。其中模式预报系统的水平分辨率为 3 km,区域覆盖内蒙古全区;背景场采用 GFS(Global Forecast System 全球预报系统,以下简称 GFS)预报场,同化资料包括全球常规观测 GTS(Global Telecommunications System 全球电信系统,以下简称 GTS)地面观测、探空观测、自动气象站、GPS(Global Positioning System 全球定位系统,以下简称 GPS)、航空报等观测资料;模式一天冷启动 2 次,分别在每日 08 时(北京时)和 20 时(北京时)起报,暖启动 6 次,分别在 11 时、14 时、17 时、23 时、02 时、05 时(均为北京时)起报;预报产品频次为 1 h 一次。内蒙古数值预报业务系统业务流程如图 2-3 所示。

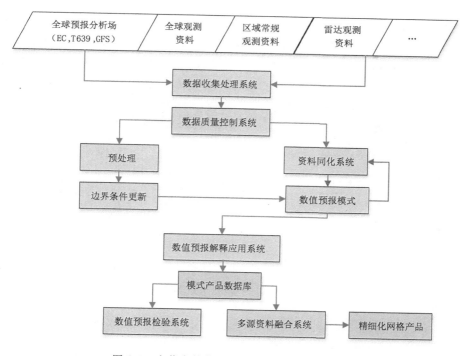

图 2-3　内蒙古数值预报系统业务流程示意图

（3）业务量

根据数值预报系统在高性能计算机系统生成覆盖全区范围内水平分辨率为 3 km、时间分辨率为 1 h 的内蒙古数值预报产品，以及内蒙古水平分辨率为 1 km、10 min 更新循环的网格化产品的提交作业脚本量来计算。内蒙古数值预报系统每启动一次，需要依次提交数据收集、模式驱动资料解码、生成初始边界条件、观测资料处理、资料同化、更新初始边界、模式积分预报、数值预报产品解释应用、数值预报检验一共 9 笔作业，其中数值预报解释应用系统中形成水汽、温度、天气形势、诊断量、降水预报产品的作业分别有 10 笔、27 笔、20 笔、37 笔、15 笔，也就是数值预报解释应用系统一共包含 10＋27＋20＋37＋15＝109（笔）作业。每天要启动 8 次，一年按照 365 天计算，则一年的业务量是(1×109＋8)×8×365＝341640（笔）。

2.2.3　人工影响天气海事卫星空地通信指挥系统

（1）业务功能

人工影响天气作业过程中采集的数据包括飞机云物理探测数据（宏观和微观数据）、地面常规观测数据、技术分析结果和作业指令等类型的数据（张凯 等,2010)。云物理宏、微观探测数据的实时下传，对人工影响天气作业条件的分析判别起到关键作用；地面观测数据（雷达图、卫星云图）和技术分析资料的实时上传为作业实施人员进行对作业目标云系的追踪提供了数据支撑；多源数据通过气象大数据管理云平台规范化地实时收集、整理和分发处理，再由人工影响天气海事卫星空地通信指挥系统实现空地数据互传、同步，极大地拓展了飞机和地面两端可用于实时技术分析的数据类型。多源数据融合应用，能够使人工影响天气决策指挥更加科学，提高人工影响天气业务服务能力。

人工影响天气海事卫星空地通信指挥系统为人工影响天气业务多源数据融合分析应用提供技术支撑，建成了以海事卫星宽带传输为主的飞机作业空地通信指挥系统，实现空地指挥、数据共享一体化，实现地面指挥—飞机作业—分析数据—方案修正的循环过程，实现空地数据融合同步，提升飞机作业、指挥的科学性、高效性。其具体业务功能图如图 2-4 所示。

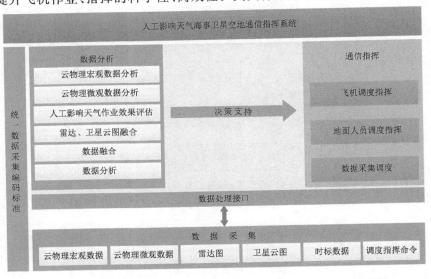

图 2-4　人工影响天气海事卫星空地通信指挥系统业务功能示意图

（2）业务流程

人工影响天气海事卫星空地通信指挥系统分为地面端和飞机端两部分。飞机的飞行参数、播云作业参数、云宏观观测数据和云微物理探测数据均由机载设备实时采集，飞机端实时获取和解析上述数据，并对其进行时序校正，数据压缩后经由海事卫星传输至地面基站，再经过网络传输至地面端；地面端通过气象大数据管理云平台采集雷达、卫星云图、降水量和闪电定位等地面观测数据，通过网络传输至海事卫星地面基站，再由海事卫星将数据传输至飞机端。飞机端和地面端的所有数据传输均遵循 TCP/IP 协议（Transmission ControlProtocol/Internet Protocol 传输控制协议/网际协议，以下简称 TCP/IP）。

飞机端和地面端采集到的不同数据，通过人工影响天气海事卫星空地通信指挥系统进行时序校正和相互传输，实现空地数据的融合分析，再结合文件数据实时传输、卫星短信、卫星电话等方式，实现人工影响天气作业的空地一体化指挥和数据共享，为提升人工影响天气科学指挥、科学作业的能力提供技术支撑。其业务流程如图 2-5 所示。

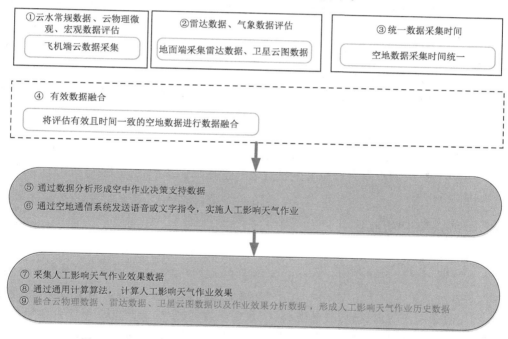

图 2-5　人工影响天气海事卫星空地通信指挥系统业务流程示意图

（3）业务量

按照人工影响天气业务的空地数据传输需求，飞机端和地面端通信频度和网络带宽至少可以满足未来 5 年使用。原使用的北斗卫星通信系统硬件部分仅能实现每分钟两次，每次几十字节的间断性空地通信传输能力，每小时最大信息传输总量仅有约 1 MB，与当前人工影响天气业务中数据空地传输需求相差甚远；软件部分只能显示飞机位置轨迹和简单的温、湿度数据，不能显示雷达数据、卫星云图数据和技术分析资料，不能满足业务需求。

人工影响天气海事卫星空地通信指挥系统主要涉及地面端数据向飞机端上传和飞机端大气探测数据向地面端下传两类业务。因此，选取需要满足并行传输的雷达数据、卫星云图数据和大气探测数据的传输带宽需求作为业务量测算依据，见表 2-4。

表 2-4 人工影响天气海事卫星空地通信指挥业务量测算

业务	关键业务指标	测算说明	首年峰值业务量(kbps)	5年后峰值业务量(kbps)
空地数据传输	雷达数据传输	雷达数据的数据量为每6 min 1个文件,文件大小1000 kb,20 s内完成1个文件的传输,传输带宽需求为50 kbps	50	64
	云图数据传输	卫星云图的数据量为每30 min一个文件,文件大小8000 kb,100 s内完成1个文件的传输,传输带宽需求为80 kbps	80	102.4
	飞机大气探测数据传输	飞机大气探测数据量为每秒70 kb,数据实时采集并实时传输,传输带宽需求为70 kbps	70	89.6
总计			200	256

雷达数据的数据量为每 6 min 1 个文件,文件大小 1000 kB,20 s 内完成 1 个文件的传输,传输带宽需求为 50 kbps;卫星云图的数据量为每 30 min 一个文件,文件大小 8000 kB,100 s 内完成 1 个文件的传输,传输带宽需求为 80 kbps;飞机大气探测数据量为每秒 70 kB,数据实时采集并实时传输,传输带宽需求为 70 kbps。其他数据按照队列传输方式传输,不占用峰值传输带宽。因此,人工影响天气海事卫星空地通信指挥系统的传输带宽峰值需求为:50 kbps ＋80 kbps＋70 kbps＝200 kbps。

根据业务特点,考虑到文件队列传输功能和数据量的增量,按照业务量 5％年增长计算未来 5 年的业务需求,人工影响天气海事卫星空地通信指挥系统的传输带宽峰值为:$200\times(1+5\%)^5=256$ (kbps)。

2.2.4 生态数据分析系统

(1)业务功能

生态数据分析系统包括生态气象监测评估子系统和遥感数据分析应用子系统。生态气象监测评估子系统基于不同生态类型的生态气象评估技术、监测评估指标体系和定量化影响评估模型,利用气象实况资料、历史气候资料、生态观测数据、基础地理信息等综合观测数据,建设生态气象监测评估子系统,针对不同生态系统和生态问题,提供月、季、年及年代际生态监测评估报告,开展生态气象个性化、定制化监测服务业务;建设内蒙古地区干旱、雪灾的动态监测评估业务服务模型,开展重大生态气象灾害的监测评估服务业务,实现土壤墒情监测、生态气象情报、牧草生长发育动态监测分析、天然牧草营养成分监测分析、春季植树造林适宜区分析、地下水位监测、土壤风蚀监测、基于遥感估测模型的牧草产量评估、雪灾和干旱监测评估等产品的自动化制作和分析。遥感数据分析应用子系统通过构建基于小型无人机的气象观测应用系统,以弥补遥感观测手段的不足,采用 RTK(Rral Time Kinematic 实时动态测量技术,以下简称 RTK)测量功能和遥感数据并行处理功能提高遥感数据分析处理能力。业务功能结构如图 2-6 所示。

(2)业务流程

生态数据分析系统主要弥补观测短板、加强高空探测手段,实现观测空间和时间的拓展;

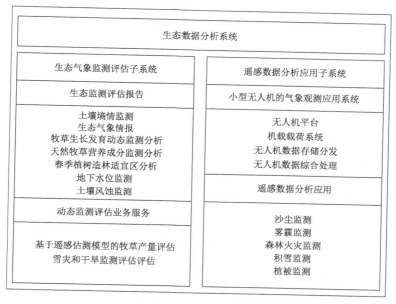

图 2-6　生态数据分析系统业务功能结构

基于多源生态数据的综合分析,开展内蒙古生态气象监测评估类业务,针对不同生态系统和生态问题,发布月、季、年及年代际多时间尺度生态气象监测评估产品,开展对生态脆弱区、敏感区、重点生态保护与建设区动态变化及其影响专项评估业务。按功能划分为生态气象监测评估子系统和遥感数据分析应用子系统。生态气象监测评估子系统和遥感数据分析应用子系统流程如图 2-7 和图 2-8 所示。

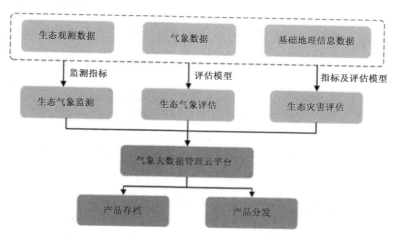

图 2-7　生态气象监测评估子系统组成及主要流程

（3）业务量

针对生态气象监测评估业务,选取能够体现主要业务量的关键指标作为测算基础,综合考虑未来 5 年业务发展,做出各主要业务的业务量分析与预测。业务量测算将基于各项业务的基础数据,根据业务特点,综合考虑审批、填报等流程化业务和预测、分析计算等知识化业务的不同需求,分析测算得到首年全年业务总量,再根据二八法则(即 20% 的时间发生 80% 的业

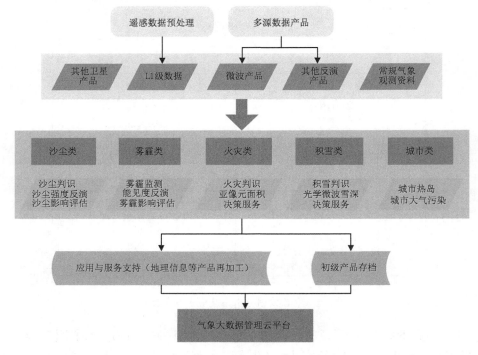

图 2-8　遥感数据分析应用子系统处理流程

务),计算得出各业务的高峰期业务量(笔/分钟)需求,作为后续存储量和处理量计算的参考和依据。

　　生态气象监测评估业务主要涉及土壤墒情分析、牧业气象情报、天然牧草生育期监测分析、天然牧草营养成分监测分析、春季植树造林适宜区分析、地下水位监测信息、土壤风蚀监测信息、生态林业气象情报、牧区雪灾的影响评估、草地干旱对牧草生长和家畜的影响评估、基于遥感估测模型的牧草产量评估等内容,另外,生态监测评估业务每年不定期购买商业遥感数据,预估每年采购 5 万 km² 数据。各类产品业务量估算见表 2-5。

表 2-5　生态气象监测评估业务量测算

产品名称	主要内容	首年业务量（笔/年）	首年高峰期业务量（笔/分钟）	5年后业务量（笔/年）	5年后高峰期业务量（笔/分钟）
土壤墒情分析	全区土壤墒情概况,农林牧墒情分布及与去年和历年对比情况	1480440	2.25	3683808	5.61
牧业气象情报	阶段气象条件分析;气象条件对畜牧业生产的影响;下一阶段天气情况及防灾减灾牧事管理建议	4169760	6.35	10375697	15.79
天然牧草生育期监测分析	气候概况,生育期与去年同期、历年同期的对比,气象条件对牧草生育期的影响评价,牧草生育期对家畜朥情的影响评价;牧事生产建议	4170950	6.35	10378658	15.80

产品名称	主要内容	首年业务量 （笔/年）	首年高峰期 业务量 （笔/分钟）	5 年后业务量 （笔/年）	5 年后高峰期 业务量 （笔/分钟）
天然牧草营养成分监测分析	牧草生长季气候情况；草地牧草长势情况；牧草营养成分分析；生产及草原生态保护建议	12410	0.02	30880	0.05
春季植树造林适宜区分析	分析全区适宜造林区分布。全区开展春季植树造林期发布	2084880	3.17	5187849	7.90
地下水位监测信息	摘要；与上月和上年同期对比分析；未来地下水位可能变化及建议。每月发布	1042440	1.59	2593924	3.95
土壤风蚀监测信息	摘要；土壤风蚀变化与上年及去同期对比分析。春秋季各发布一期	86870	0.13	216160	0.33
生态林业气象情报	摘要；阶段气候概况，重要天气事件对生态或林业生产影响评估，气候预测及生产建议	105120	0.16	261572	0.40
牧区雪灾的影响评估	分析积雪分布范围和深度，积雪持续时间，对牧区放牧畜牧业的影响；估算成灾程度，并对不同等级灾害分布范围和面积，以及对家畜的危害程度、损失进行分析评估，得出定量和定性相结合监测评估结论。并依据短期气候预测结果，预估未来天气气候条件对灾情发展、对畜牧业的可能影响。抗灾保畜减灾措施建议	107100	0.16	266499	0.41
草地干旱对牧草生长和家畜的影响评估	分析草地牧草水分亏缺量及牧草发育期、生物量、高度、盖度的影响。应用草地旱灾综合评估模型，估算成灾程度，确定灾害等级，并对不同等级灾害分布范围和面积，减产量进行分析评估，得出定量监测评估结论。并依据短期气候预测结果，预估未来天气气候条件对牧草生长发育及其产量形成，畜牧业生产造成的可能影响	3128510	4.76	7784734	11.85
基于遥感估测模型的牧草产量评估	对内蒙古不同草地类型牧草生长状况进行定量评估	17700000	26.94	44043264	67.04

2.3　内蒙古气象大数据综合应用平台技术指标分析

2.3.1　气象大数据管理云平台

（1）时效性

插入或更新 RDBMS(Relational Database Management System 关系数据库管理系统,以下简称 RDBMS)的速度:≥2 万条记录/s;<1 MB 文件处理速度:≥3000 个文件/s;>1 MB 文件处理速度:≥300 MB/s;插入实时交互应用库:≥1000 个文件/s。

气象数据环境的快速入库处理,包括实时业务站点类(徐拥军 等,2016)、格点类(郑波 等,2018)、文件类数据等,需要满足表 2-6 的时效要求。

表 2-6　气象数据环境时效

指标			
插入或更新 RDBMS 的速度	<1 MB 文件处理速度	>1 MB 文件处理速度	插入实时交互应用库
≥2 万条记录/s	≥3000 个文件/s	≥300 MB/s	≥1000 个文件/s

（2）数据服务接口

数据检索具有同时为 200 个用户提供并发数据检索服务的能力,接口性能需要满足表 2-7 的要求。

表 2-7　数据服务接口性能

序号	接口类型	性能指标
1	数据检索接口	数据量<10 MB 的,性能<1 s;数据量 10~50 MB 的,性能<3 s
2	文件下载接口	≥100 MB/s
3	数据统计计算接口	<1 s
4	格点解析接口	近 30 d 数据,性能<1 s;30 d 前的数据,性能<3 s
5	格点序列值提取	近 30 d 数据,性能<1 s;30 d 前的数据,性能<3 s

（3）系统稳定性

气象数据环境软件的设计实现上考虑了系统长期运行的稳定性和可靠性。软件在运行期间,针对任何一个重要操作,都必须具有判别正误的能力,必要时可以进行完整的回退或恢复操作来避免宕机,否则要发出报警消息,以便人工干预。

云平台需要 7×24 小时不间断运行,因此,无论是计算机软件或硬件系统都必须具有较高的可靠性及发生故障后快速恢复的能力。具体要求如下:

1)应用软件开发中严格遵循软件工程国标或军标的开发、测试和集成规范,达到数据服务业务成功率 99.8% 的指标;

2)关键高可用业务系统在 3 min 内快速恢复运行状态;

3)年故障总时间<12 h,故障恢复时间<1 h。

同时,系统应达到如下的成熟性标准、容错性标准。

（4）成熟性标准

7×24 小时业务运行期间,平均故障间隔时间不小于 1 个月。

（5）容错性标准

1）软件接口句法性错误检出、屏蔽率 100%,其他软件错误的截获不超出直接传递控制的模块范围;

2）关键进程偶发故障恢复率 100%;

3）主机单点故障恢复率 100%;

4）主机单点故障后,主备份切换可自动完成。

（6）易操作性

为便于操作人员的干预,系统中有关运行参数的修改应提供直观、方便的修改界面;系统出现中断时,重新启动方便快捷,重启后应自动检查和运行未完成作业。

（7）可扩展性

建设的数据快速入库、统一服务接口、数据同步模块,应具有良好的可扩展性,以实现对新增资料的快速接入和服务。

2.3.2　高性能计算机系统

计算能力理论峰值约为每秒 170 万亿次,可用存储约 1 PB,支持 7×24 小时不间断运行。

2.3.3　人工影响天气海事卫星空地通信指挥系统

（1）实时数据传输支持至少 2 个用户的同时在线,核心服务支持 20 并发以上。平均响应速度:一般性的数据新增、修改、删除等操作,平均响应时间应在 1 s 以内,不能超过 3 s;一般业务操作的简单查询和统计,平均响应时间应在 3 s 以内,不能超过 5 s。

（2）海事卫星通信装置搜星时间小于 120 s,通话链路建立时间不能超过 3 s;卫星宽带通信平均响应时间应在 2 s 以内,最迟不超过 3 s;短信收发时延不能超过 3 s。

（3）文件收发延迟不能超过 3 s。

（4）雷达、卫星云图信息展示子系统图像显示延迟不能超过 15 s。

（5）作业方案和计划的显示延迟不能超过 10 s。

（6）飞机实时轨迹显示延迟不能超过 5 s。

2.3.4　生态数据分析系统

（1）支持至少 50 个用户同时在线。

（2）平均响应速度:一般性的数据新增、修改、删除等操作,平均响应时间应在 1 s 以内,不能超过 3 s。

（3）一般业务操作的简单查询和统计,平均响应时间应在 3 s 以内,不能超过 5 s。

（4）日处理遥感数据能力大于 50 GB。

2.4　内蒙古气象大数据综合应用平台效益分析

2.4.1　经济效益分析

（1）集约整合资源，避免重复建设

项目充分梳理、整合、利用现有资源，按标准化原则集约整合基础设施资源，优化再造气象业务信息流、服务信息流和管理信息流，实现信息资源高效利用、流程高度集约、系统可靠运行，大量节约运行费用，提高资源使用效率。整合基础设施资源，整合比例超过 90%，实现数据中心的能耗利用效率提升 20% 以上。

（2）提升人工影响天气作业的科技支撑，增加社会经济效益

通过人工影响天气海事卫星空地通信指挥系统建设，提升人工影响天气作业的科技支撑，在现有基础上，呼和浩特地区年均再增加降水约 150 万 m^3，每吨水按 1 元计算，年均增加直接经济效益 150 万元；如果全区 9 架人工影响天气飞机全部装备海事卫星空地通信指挥系统，能使全自治区在现有基础上，年均再增加降水约 1.7 亿 m^3，年均增加直接经济效益约 1.7 亿元，服务于自治区农牧业防灾、减灾和生态文明建设。

（3）减少各类气象灾害造成的损失

通过覆盖全自治区时空密度达到 1 h 和 1 km 以下级别的精细化智能网格预报、快速有效的实时分析指挥人工影响天气作业和推动生态气象监测评估服务手段的现代化，明显提高了综合防灾减灾、生态文明建设的主动性及时效性，为农牧业防灾减灾、重大活动服务保障、社会公众提供高标准的气象服务，最大限度地减少和避免气象灾害给人民群众带来的生命财产损失，保护人民群众和社会公共财产，因气象灾害死亡人数比前 10 年平均降低 5%～10%，气象灾害造成经济损失占 GDP 比例比前 10 年平均降低 0.5%。

2.4.2　社会效益分析

（1）推动气象数据开放共享

推动气象数据开放共享，使气象深度渗透、融入其他行业中，实现功能的互补和延伸。汇聚气象数据、社会数据、行业数据等数据资源，实现气象与其他产业间功能的互补和延伸，向政府、行业部门、军队和公众用户提供 6 大类 35 子类数据产品共享服务，数据产品日服务量由原来的 200 GB 提升到 500 GB，支持 1000 个用户并发访问，充分发挥气象信息蕴含的经济价值、社会价值。

（2）气象预报更精准，更多样

建立覆盖全自治区时空分辨率达到 1 h、3 km 的内蒙古数值预报业务，实现 24 h 晴雨预报准确率 89%，24 h 气温预报准确率 77%，强对流天气预警提前量 30 min，灾害天气预警准确率较"十二五"提高 5%，为政府、行业部门、军队和公众用户提供高标准的定时、定点、定量气象服务。

第 3 章　内蒙古气象大数据综合应用平台设计与实现

3.1　设计原则

（1）整合资源、技术先进

整合和利用现有网络、虚拟化资源池、高性能计算机、全国综合气象信息共享平台（China Integrated Meteorological Information Service System，以下简称 CIMISS）统一数据环境等资源，按需新建或扩建，建立统一的气象大数据管理云平台，避免重复建设和资源浪费（赵芳 等，2018）。引入大数据、云计算等先进技术，采用开放的体系结构，允许社会组织机构参与，确保平台建设的先进性，扩大系统的覆盖范围和影响力。

（2）统一标准、规范实施

依据相关国家标准、地方标准、行业标准，形成自治区气象大数据统一的技术标准和规范，涵盖观测、预报、预测、服务、信息、行业数据等数据存储标准，各类数据的接入和管理的标准、数据格式规范、数据接口规范等。

（3）软硬并重、注重应用

既重视平台的硬件支撑环境建设，更着重加强相关应用软件系统的研发。应用软件系统是整个平台发挥效益的关键所在，要重视其研发质量，以满足平台的应用要求。

（4）安全可靠、运行稳定

平台建设在信息系统安全等级保护三级的基础上，通过对信息进行加密、数字签名等方式保障信息传输的安全，同时注重平台运行的可靠和稳定，实现系统 24 小时不间断业务运行。

（5）内外结合、服务均等

注重为智慧气象业务和气象大数据服务提供全面和直接支撑，更为进一步深化内蒙古自治区气象大数据在智慧城市、智慧交通、自治区生态文明建设、社会治理、公共服务及相关行业领域的应用提供支撑。

3.2　平台架构

3.2.1　总体架构

内蒙古自治区气象大数据综合应用平台总体架构如图 3-1 所示。系统架构为"四横三纵"，"四横"为基础设施层、信息资源层、应用支撑层和业务应用层；"三纵"为运行维护管理体系、标准规范体系、信息安全防护体系。

气象局业务用户

云上北疆大数据云平台、自治区政务资源信息资源共享平台
及其他地方政府、行业部门用户

社会公众

| 信息安全防护体系 | 运行维护管理体系 | 业务应用层 | 数据管理、业务监视、数据展示共享等应用 | （内蒙古数值预报业务系统） | | 标准规范体系 |

业务应用层
- 数据管理、业务监视、数据展示共享等应用
- （内蒙古数值预报业务系统）
- 雷达、气象信息显示、飞机信息显示等人工影响天气业务应用
- 生态和遥感数据分析业务应用

应用支撑层
- 消息中间件（RabbitMQ）
- 容器引擎（Docker）
- 资源运维管理系统
- 无人机数据和航空影像处理软件
- 负载均衡软件（ngix）
- 搜索引擎（Elasticsearch）
- 配置管理运维工具
- 数据库软件（Cassandra、redis）
- 高性能数学库及编译器
- 遥感数据并行处理系统
- 计算框架软件（storm SPARK）
- hadoop生态系统
- 数值预报业务系统调试及运维管理平台

信息资源层
- 结构化 + 分布式NAS
- 气象业务数据库
- 监控运维库
- 个例库

基础设施层
- 基础资源池（计算资源池、数据存储池）
- 虚拟化
- 基础硬件及设施
- 网络设备、存储设备、安全设备
- 服务器、机房设备、专业设备
- 网络层：业务网、电子政务外网、互联网

左右两侧纵向：信息安全防护体系、运行维护管理体系、标准规范体系

图 3-1　总体架构

（1）基础设施层：基础设施层是支撑各类应用系统稳定运行的技术集成环境，包括网络与基础硬件。本平台的网络环境主要依托气象局核心网、国家电子政务外网、互联网。基础硬件及设施包括服务器、网络设备、存储设备、安全设备、专业设备、机房设备等。根据业务需要，采用虚拟化技术，扩容已建资源池。

（2）信息资源层：通过构建信息资源中心，为系统运行提供综合数据服务。数据的存储基于结构化和分布式存储（徐拥军 等，2020）。

（3）应用支撑层：将应用支撑层中支撑业务应用系统的通用功能分离出来，形成应用支撑的基础功能，主要是指系统软件。

（4）业务应用层：主要包括气象大数据管理云平台、高性能计算机系统、人工影响天气海事

卫星空地通信指挥系统、生态数据分析系统等 4 个应用系统。其中,高性能计算机系统是为现有应用系统内蒙古数据预报业务系统(已建)提供计算环境支撑。

(5)"三纵"体系:主要包括运行维护管理体系、标准规范体系、信息安全防护体系,为内蒙古自治区气象大数据综合应用平台的建设、运行提供运维、标准和安全保障。参照并遵循中国气象局的"标准规范体系"和"网络与信息安全体系"进行统一安全管理、统一制度规范、一体化安全防护、统一运维保障体系的闭环安全管理机制和服务。

3.2.2　逻辑结构

整个平台基于"云＋特色应用"的逻辑结构进行设计。气象大数据管理云平台建立了数据资源服务能力、计算及存储资源服务能力、业务监控服务能力、数据展示服务能力,在其之上,承载了高性能计算机系统、人工影响天气海事卫星空地通信指挥系统和生态数据分析系统 3 个特色应用。其系统逻辑结构如图 3-2 所示。

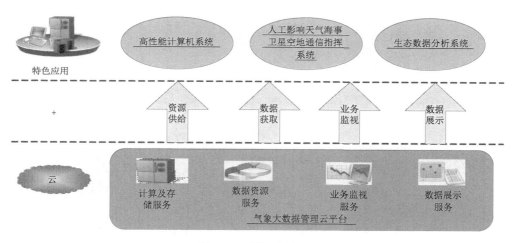

图 3-2　系统逻辑架构

3.2.3　网络架构

通过国家电子政务外网,实现与业务信息共享单位的广域互联互通;依托互联网为公众、企业、相关部门等提供权威的企业应用信息服务;内部业务网通过结构分层、业务分区设计方式,并从整体上统筹考虑,采用先进的网络云技术,将各个系统有机地结合起来,建设一个高性能、高可靠、高安全和高性价比的气象大数据综合应用平台。网络架构如图 3-3 所示。

3.2.4　安全架构

为解决内蒙古自治区气象大数据综合应用平台面临的安全威胁风险,全面加强网络系统安全,延续网络安全设备构成的等保三级安全体系,在链路安全、数据安全、主机安全以及应用安全等方面全面提升安全防护能力,同时,优化完善 4 大防御体系建设(图 3-4):

(1)基于访问控制的边界防护体系;

(2)基于病毒与攻击的立体攻击防御体系;

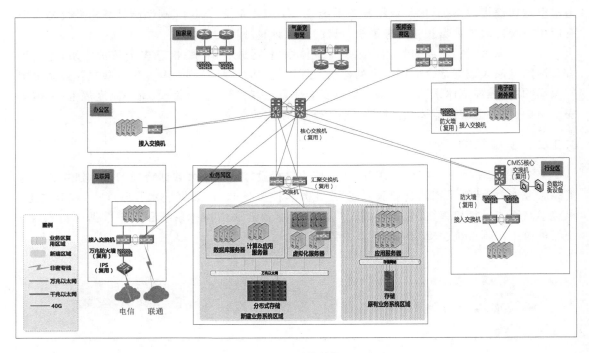

图 3-3　网络架构

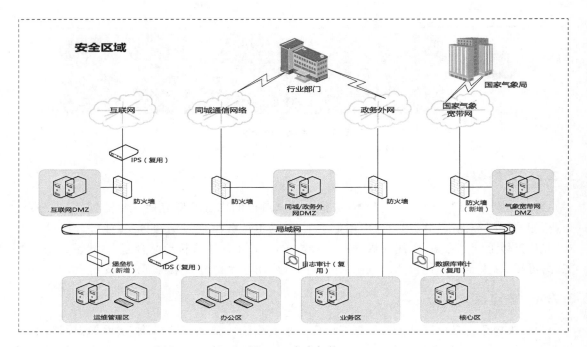

图 3-4　安全架构

（3）基于网络传输的加密体系；

（4）基于堡垒机的运维风险管理体系。

到中国气象局骨干网络的防火墙设备老旧,已经过了质量保修期而且病毒库也很久没有更新,不能有效阻挡病毒攻击等非授权访问。基于原有的网络安全防护体系,通过在大数据综合应用平台的网络出口边界处双机冗余部署两台下一代防火墙设备,保证平台到中国气象局骨干网络数据传输的安全,阻挡非授权的网络访问、病毒攻击和漏洞攻击等。通过在平台的安全系统运行维护管理区部署一台堡垒机,实现对所有系统运行维护行为和操作的管理、控制和审核,保障系统运行维护安全。

3.3　气象大数据管理云平台

3.3.1　概述

气象大数据管理云平台利用大数据技术,实现对现有统一数据环境的云化升级,打造集数据采集、加工处理、存储管理、共享服务、展示和业务监控于一体的综合平台。气象大数据管理云平台包含气象大数据应用系统和通用硬件支撑环境,其中,气象大数据应用系统包含业务监控子系统、数据共享服务子系统、数据展示子系统、数据采集子系统、数据加工处理子系统和数据存储管理子系统;通用硬件支撑环境包含主机设备、网络设备、安全设备、存储设备和系统软件,其中主机设备包含虚拟化池和分布式物理池,网络设备包含万兆交换机,安全设备包含防火墙和堡垒机,存储设备包含网络附属存储(Network Attached Storage,以下简称 NAS)存储扩容,系统软件采用开源软件,包括消息中间件、负载均衡软件、数据库软件、计算框架、容器引擎、搜索引擎等。

3.3.2　功能设计与实现

3.3.2.1　系统组成

气象大数据管理云平台由数据采集、数据加工处理、数据存储管理、数据共享服务、业务监控、数据展示 6 个子系统组成,系统组成如图 3-5 所示。

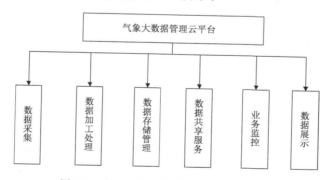

图 3-5　气象大数据管理云平台系统组成

3.3.2.2　系统接口

接口设计总体上遵循高内聚、低耦合、精分解的设计原则,尽量减少各系统间和系统内各模块间的耦合度、降低操作复杂度、保证实现的通用性、提高系统的重用性和扩展性。

业务监控子系统主要收集各个子系统的监控、告警信息。同时,监控各个子系统运行状态并向子系统提供相应控制指令、同步及配置信息,指导其运行。

数据采集子系统可将原始数据资料入库归档。

数据存储管理子系统向数据展示系统提供展示的数据产品。

数据加工处理子系统对数据进行加工处理,生成数据产品,同时回写存储系统。

数据共享服务子系统通过数据访问接口进行数据查询。

数据展示子系统对存储的产品数据进行可视化展示。

接口系统关系如图3-6所示。

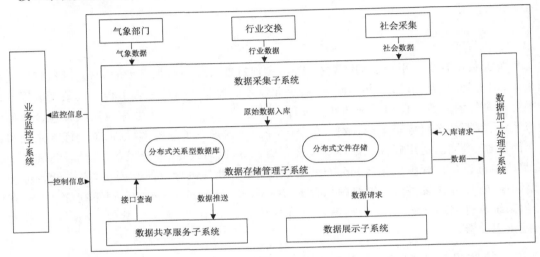

图 3-6　气象大数据管理云平台系统接口关系

3.3.2.3　数据采集子系统

概述:数据采集子系统支持以文件、消息和基于分布式架构的流式解码入库等方式,满足对气象数据、社会数据和行业数据资源进行规范、快捷地接入和汇聚(孙超 等,2018)。数据采集子系统支持各类结构化数据以及非结构化数据的解码入库。

组成:数据采集子系统由结构化数据采集模块、非结构化数据采集模块、本地数据接入模块组成,其组成如图3-7所示。

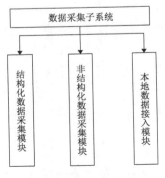

图 3-7　数据采集子系统组成

流程:该子系统业务流程主要是数据接入功能部分,包括数据接入、数据检查、解码入库功能流程,其流程如图 3-8 所示。

(1)数据接入。采用分布式发布订阅消息系统实现本地系统与云平台之间的数据交换功能。

(2)数据检查。在数据接入后通过数据检查对数据做正确性质量控制,主要有文件命名检查、文件格式检查、文件内容检查等,然后进行后续解码入库操作。

(3)解码入库。根据不同数据通过不同解码规则与方式,将数据纳入存储系统,主要包括结构化数据、非结构化数据的解码入库。

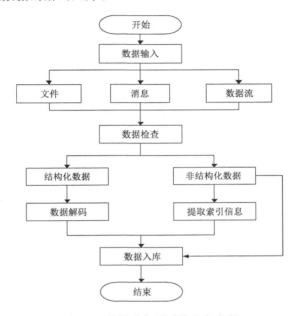

图 3-8　数据采集子系统业务流程

接口:消息服务系统提供调用/回调接口,业务系统通过调用该接口进行数据的收集和分发。消息服务系统是数据接入及数据检查在外部业务应用系统的延伸。业务系统可调用该消息服务系统将本系统的数据以多种方式、规范高效地分发至云平台,其中调用接口即为数据发送至云平台接口,回调接口是数据从云平台回调本地消息服务系统接口。

系统性能指标:从稳定性、可扩展性和时效性 3 个方面进行分析。

(1)稳定性:气象数据环境软件的设计实现上要考虑系统长期运行的稳定性和可靠性。软件在运行期间,针对任何一个重要操作,都必须具有判别正误的能力,必要时可以进行完整的回退或恢复操作来避免宕机,否则要发出报警消息,以便人工干预。本系统需要提供 7×24 小时不间断服务,因此,无论是计算机软件或硬件系统都必须具有较高的可靠性及发生故障后快速恢复的能力。

(2)可扩展性:数据采集子系统为分布式架构,其中结构化数据解码入库采用 Storm 架构,具有稳定性高、易扩展等优点。

(3)时效性:气象数据环境的快速入库处理,包括实时业务结构化数据处理、新汇交数据流程处理、非结构化数据的解析入库流程等,需要满足表 3-1 的时效性要求。

表 3-1　时效性要求

指标			
插入或更新 RDBMS 的速度	＜1 MB 文件处理速度	＞1 MB 文件处理速度	插入实时交互应用库
≥2 万条记录/s	≥3000 个文件/s	≥300 MB/s	≥1000 个文件/s

结构化数据采集模块:功能主要包括数据接入、数据检查、数据解码、数据入库。接收消息系统获取的结构化数据,根据结构化数据相应格式要素解码算法,对接收到的数据进行要素解码处理,按照规定的要求进行特征值转换、要素值检查等处理。同时,对数据做快速质量控制,去除错误数据,最终进行数据入库存储。结构化数据主要包括地面气象观测资料、高空气象观测资料、大气成分观测资料、农业气象观测资料、辐射观测资料等。

（1）数据接入

结构化数据为多站点数据,因此,采用消息方式实现数据接入,数据全程无文件落地。

消息服务系统采用 KAFKA 架构。KAFKA 是一种高吞吐量的分布式发布订阅消息系统,可分为提供方、用户方两部分,满足数据采集的收发模式;同时具备数据高吞吐量性能,满足站点数据流式接入的要求。

（2）数据检查

对于通过 KAFKA 接入的实时数据流做快速质量控制。质量控制项主要包括文件命名、文件格式、文件内容等检查。

编写快速质量控制算法,并在解码入库时被调用,解码后的数据在内存中直接进行快速质量控制。

（3）数据解码

对于数据量大、更新频次高的分钟资料,采用 Storm 架构进行解码操作。具体解码流程如图 3-9 所示。

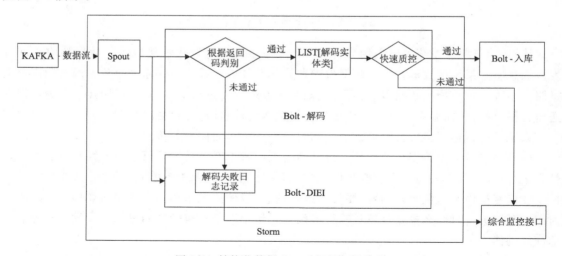

图 3-9　结构化数据 Storm 架构解码流程

对于常规的数据量较少的站点数据,采用 Java 多线程架构进行解码操作。具体解码流程如图 3-10 所示。

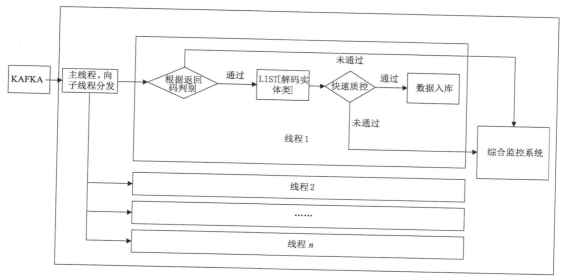

图 3-10　结构化数据多线程解码流程

（4）数据入库

数据解码、质量控制之后，结构化数据处理和入库流程设计两种技术方案。针对数据量较大的分钟数据，主要采用 Strom 框架进行快速数据解码入库，如图 3-11 所示；对于常规的数据量较少的数据采用多线程技术实现快速解码入库，如图 3-12 所示。

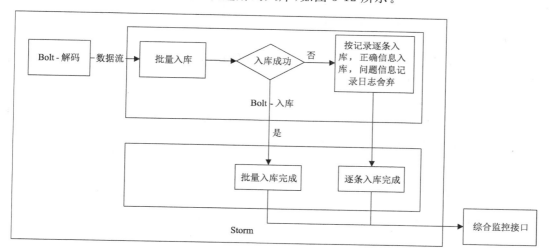

图 3-11　结构化数据 Storm 入库流程

非结构化数据采集模块：功能主要包括数据接入、数据检查、数据解码、数据入库。接收消息系统获取发送的非结构化数据文件信息，对该文件信息进行文件名快速质量控制，同时提取索引信息，最后进行索引入库以及数据资料的文件系统入库。非结构化数据主要包括卫星探测资料、天气雷达资料、数值预报资料、天气预报资料、气候监测预测资料等。

（1）数据接入

非结构化数据以文件形式进行交互，采用消息系统传输文件接收地址信息，根据文件地址

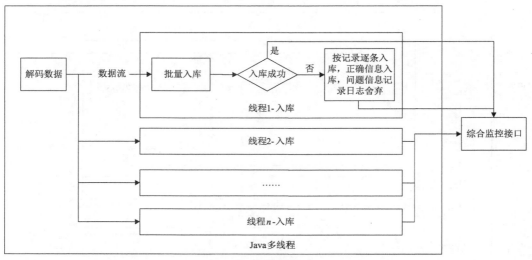

图 3-12　结构化数据多线程入库流程

进行后续解码等流程。

消息服务系统采用 RABBITMQ 架构。RABBITMQ 是一种分布式发布订阅消息系统，可分为提供方、用户方两部分，满足数据采集的收发模式；同时具备消息的确认回滚等事务机制，增强了消息传输的安全要求（邓鑫 等，2021）。

（2）数据检查

对于通过 RABBITMQ 接入的消息流做快速检查。检查项目主要包括消息结构检测、文件名检测等。

编写快速质量控制算法，并在解码入库时调用，解码后的数据在内存中直接进行快速质量控制。

（3）非结构化数据解码

非结构化数据根据其数据量大小、更新频次等特点，采用 Storm 架构或者多线程架构进行解码操作。具体解码流程如图 3-13 所示。

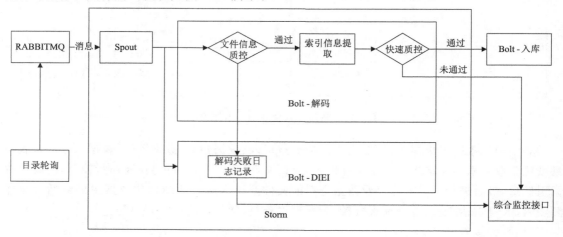

图 3-13　非结构化数据解码流程

（4）数据入库

非结构化数据为文件存储形式的数据，统一将索引信息入库分布式关系型数据库，对文件内容进行要素打散操作，入库分布式表格文件系统，将数据按照要素进行整合，最后进行索引入库以及整合资料的文件系统入库，根据不同的数据库加载不同的入库驱动程序。

具体入库流程如图 3-14 和图 3-15 所示。

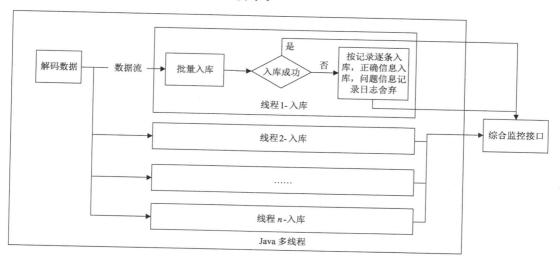

图 3-14　非结构化数据多线程入库流程

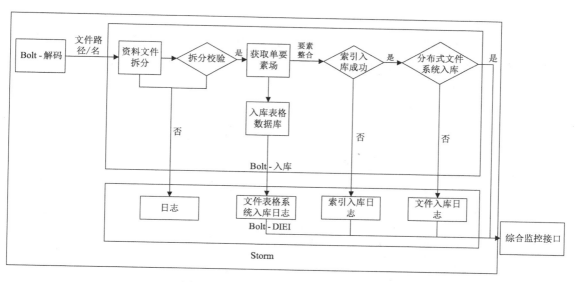

图 3-15　非结构化数据 Storm 入库流程

本地数据接入模块：完成 60 余类"已收集，未纳入"数据的接入，本地数据接入遵循统一的分布式数据入库框架，设计相应的库表结构，进行高效数据解码入库，实现暂未纳入原有的统一数据环境的数据在自治区气象大数据管理云平台的统一管理和应用。"已收集，未纳入"数据资料包含文本文件、图像等形式的数据。对于图像数据采取非结构化数据存储方式，分别存储于分布式文件系统和文件索引数据库。通过消息系统接入资料存储位置及名称信息，提取索引信息后入库分布式文件系统、文件索引数据库等。对于文本文件数据按照结构化站点数据进行解码入库处理。

1) 数据解码

对于本地接入数据解码,采用多线程架构进行解码操作。

具体解码流程如图 3-16 所示。

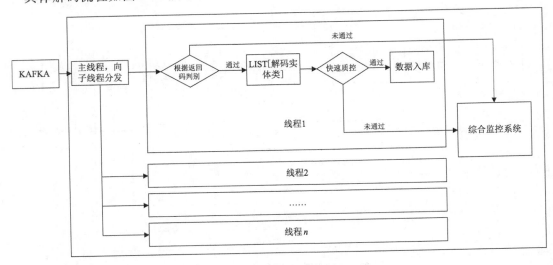

图 3-16　本地接入数据解码流程

2) 数据入库

数据解码、质量控制之后,非结构化数据入库流程多采用多线程技术实现快速解码入库。索引信息入库分布式结构化数据库;图片源文件入库分布式文件系统。根据不同的数据库加载不同的入库驱动程序。

具体入库流程如图 3-17 所示。

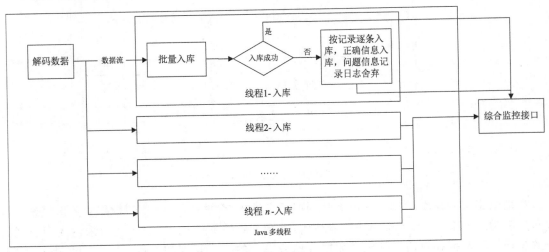

图 3-17　本地接入数据入库流程

3.3.2.4　数据加工处理子系统

概述：数据加工处理子系统对从数据采集子系统或数据存储管理子系统获取的气象观测资料和产品资料进行气象领域专业化加工处理，生成各种数据产品保存到数据库；部分加工处理的产品还要返回数据共享子系统进行分发，全部产品提供数据存储管理子系统入库；数据加工处理子系统的运行情况受业务监控子系统监控。

气象数据加工处理子系统建设以提升气象数据的加工处理能力、优化数据加工处理流程为主要目标，具体包括：建立气象算法库，制定算法开发标准，实现对气象算法的统一管理；建立算法服务发布框架，实现气象算法的在线发布与服务；建立产品加工流水线，实现对多种计算框架的支撑及对各加工处理任务的统一调度管理，实现统一计算资源管理，消除业务壁垒，提高资源利用效率；实现气象业务典型算法向加工流水线的集成及统一调度管理。

组成：数据加工处理子系统由 4 个模块组成，其组成如图 3-18 所示。

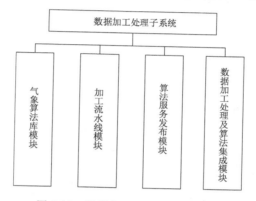

图 3-18　数据加工处理子系统组成

流程：数据加工处理子系统的流程包括以下几方面：

（1）气象算法库：实现气象算法的有效管理，同时要支撑产品加工流水线对加工处理算法的需求，包括针对当前气象大数据综合应用平台进行算法的适配改造。主要建设的功能包括算法标准建设、算法管理平台建设和气象算法池建设。通过对算法的统一集中管理，提升气象数据加工处理算法的复用率，进一步提升数据产品的一致性和准确性。

（2）产品加工流水线：实现对气象处理任务的统一调度与管理，对加工处理业务及计算资源进行集约整合，优化数据处理流程，全面提升数据处理效率。主要建设的功能包括搭建大数据计算框架、基于分布式计算框架继续算法服务的封装和算法改造、建立任务调度平台、实现加工流水线的统一监控。

（3）加工管理接口：气象数据加工处理算法和任务需要对接公共元数据及业务监控系统，将算法元数据和任务元数据发送给公共元数据和监控系统，以便随时进行任务和算法的监控。实现将算法及算法输出产品发布为统一服务接口中的服务，体现计算即服务的理念。主要建设的功能包括算法管理服务封装和任务管理服务封装。

数据加工处理子系统流程如图 3-19 所示。

接口：

（1）内部关系

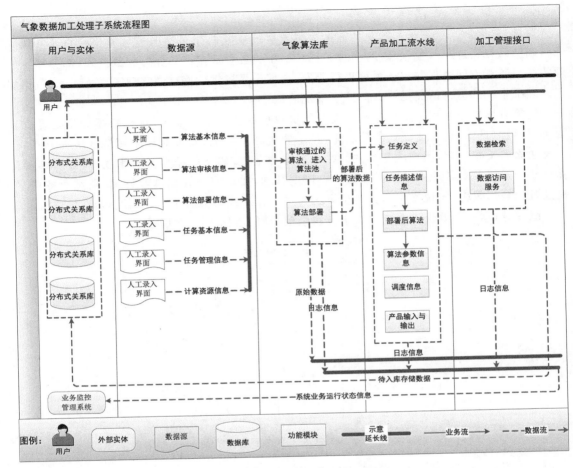

图 3-19　数据加工处理子系统业务流程

　　气象业务典型算法通过气象算法管理平台进行注册、审核和发布过程,并通过该平台对外提供管理界面。气象业务典型算法通过产品加工流水线进行任务调度,执行算法过程,生成气象产品。

　　气象算法管理平台、气象业务典型算法和产品加工流水线均通过算法服务发布框架对外提供其服务接口,使得系统内部功能对外可用、可控。

　　(2)外部关系

　　数据存储管理子系统为气象数据加工处理子系统提供数据存储环境、优化存储性能,提高效率,在开放的应用程序接口(Application Programming Interface,以下简称 API)、工具和技术上构建,可最大化地提高气象数据加工处理子系统的存储过程。数据加工处理子系统为数据存储管理子系统提供产品的生产,数据采集子系统也可为数据加工处理子系统提供所需数据。

　　数据加工处理子系统主要为监控系统提供算法及任务调度执行所产生的监控信息,业务监控子系统向数据加工处理子系统提供控制指令,指导其运行。

　　内蒙古自治区气象台、内蒙古自治区气象科学研究所、内蒙古自治区生态与农业中心等部门为数据加工处理系统提供算法来源或产品数据来源,数据加工处理子系统为上述各单位提供计算资源和数据资源,并在未来气象数据统一服务接口(Meteorological Unified Service Interface Community,简称 MUSIC)升级改造中提供产品服务。

数据加工处理子系统接口关系如图 3-20 所示。

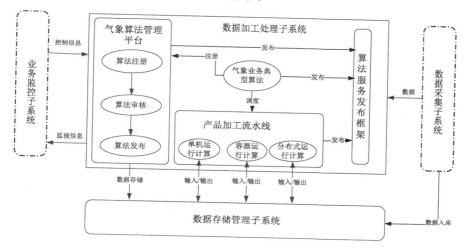

图 3-20　数据加工处理子系统接口关系

系统性能指标:

(1)算法注册提交后,前端响应时间<2 s;

(2)加工流水线任务调度编辑提交后,前端响应时间<2 s;

(3)加工流水线调度任务启动后,异步返回,前端响应时间<2 s;

(4)微服务管理平台,单台服务器至少保障 500 个微服务同时运行,每个微服务启动时间<1 s。

气象算法库模块:气象算法库不仅要实现气象算法的有效管理,同时要支撑产品加工流水线对加工处理算法的需求,包括针对当前气象大数据综合应用平台进行算法的适配改造。主要功能包括算法标准建设、算法管理平台建设和气象算法池建设。通过对算法的统一集中管理,提升气象数据加工处理算法的复用率,进一步提升数据产品的一致性和准确性。

气象算法库包含算法标准、算法管理平台、算法池和模型库 4 个部分。

(1)算法标准:即针对气象算法分类、算法定义、算法库管理、算法生命周期管理与算法安全运行等方面,制定算法标准,规范算法开发与管理流程。

(2)算法管理平台:建立算法管理平台,实现算法分类与标签的定义、算法注册、升级、审核、查询检索、下载与废弃等功能,实现气象算法统一集中管理。

(3)算法池:针对天气、气候、探测、信息、公共服务、科研等主要气象业务,逐一搜集并整理各业务的典型算法,建成成体系的气象算法池,算法池面向行业用户、企业用户、科研用户、公众用户,面向电子政务外网和互联网,支持众创,支持回归、聚类、决策树、神经网络、遗传算法、朴素贝叶斯分类器、最小二乘法、支持向量机、K 近邻等机器学习算法以及特色算法的接入,建立面向用户的数据服务平台,通过机器学习训练形成的模型可供加工流水线生产各类基础数据及预报、气候、生态、人工影响天气等数据产品。

(4)模型库:在天气、气候、生态、人工影响天气、信息、服务等业务中,针对典型的算法,配合已有的模型,更好地实现气象大数据挖掘和业务应用,主要模型包括分类模型、回归模型、预测模型、聚类模型。

分类模型:监督式学习模型,使用一些已知类别的样本集去学习一个模式,用学习得到的模型来标注那些未知类别的实例。常见的分类方法包括:决策树、贝叶斯、K 近邻、支持向量机、基于关联规则、集成学习、人工神经网络等。

回归模型:是指通过对数据进行统计分析,得到能够对数据进行拟合的模型,确定两种或两种以上变量间相互依赖的定量关系。它与分类的区别在于其结果是连续的。若在回归结果上面加一层,则可以达到分类的效果。

预测模型:包括分类模型与回归模型,两者的区别在于前者是对离散值进行预测,而后者是对连续值进行预测。同时,在与时间有关的预测模型中,是根据历史的状态预测将来一段时间内的状态。

聚类模型:按照某种相似性度量方法对一个集合进行划分成多个类簇,使得同一个类簇之间的相似度高,不同类簇之间不相似或者相似度低。聚类模型主要包括基于划分的聚类、基于层次的聚类、基于图论的聚类、基于密度的聚类、基于网格的聚类、基于模型的聚类等。

加工流水线模块:产品加工流水线实现对气象资料加工处理任务的统一调度与管理,对加工处理业务及计算资源进行集约整合,优化数据处理流程,全面提升数据处理效率。主要功能包括搭建大数据计算框架、基于分布式计算框架继续算法服务的封装和算法改造、建立任务调度平台、实现加工流水线的统一监控。

加工流水线模块包含两大功能:计算框架和任务调度框架。

(1)计算框架应用 Storm、Docker、Spark(计算引擎)、Hadoop(分布式系统基础架构)等先进的大数据计算及机器学习技术,搭建基于容器微服务的大数据计算框架,实现对分布式流式计算、分布式内存计算、分布式离线计算、普通并行化处理、分布式容器服务调用、分布式挖掘计算、机器学习的底层支撑,对气象业务算法库中所有算法的服务调用接口及过程进行封装和算法改造,以适应分布式计算调用模式。

(2)任务调度框架基于搭建任务调度平台,实现流水线上各加工处理任务的统一调度管理,包括任务运行参数配置、计算资源申请、调度信息配置、集群管理、调度策略分析、任务控制等功能。任务调度平台内置任务执行引擎可接收外部或内部系统传递的任务执行的任务单信息,解析任务单内容,为待执行的算法任务传递业务参数,同时解析任务的执行触发器策略,动态构建算法作业队列;智能感知当前集群环境中计算资源的忙闲状态,选择最佳状态的计算节点执行相应作业,最大限度地利用计算资源,实现任务动态负载均衡;并及时反馈任务状态给统一监控,任务调度平台支持加工处理任务的定时调度和基于消息的实时调度。

算法服务发布模块:算法服务发布模块建立算法提交、查询、控制、调度策略配置等服务,供不同用户调用,实现加工处理流程的底层统一、上层分控。主要功能包括算法管理服务和任务调度服务。实现对外发布成接口的能力,供第三方调用。

算法服务发布模块包括算法管理服务和任务调度服务两大功能。

(1)算法管理服务包含算法注册服务封装、算法审核服务封装、算法检索下载服务封装和算法升级服务封装。就是把算法管理向外发布,发布成外部接口。应用 Web Service 技术,能做到对外提供一个服务,供第三方调用的能力。

　　（2）任务调度服务封装包含任务定义的服务封装、调度策略配置服务封装、任务调度服务封装、任务的监控服务封装。就是把任务调度管理向外发布,发布成外部接口。应用 Web Service 技术能做到对外提供一个服务,供第三方调用的能力。其中任务定义服务封装包含任务的添加服务、任务的删除、修改服务。任务调度服务封装包含任务的启动服务、任务的停止服务。任务的监控服务封装包含任务的查询服务、任务的监控服务等。

　　数据加工处理及算法集成模块:建立气象数据算法库和加工处理流程,主要内容包括典型气象算法集成、机器学习算法集成、机器学习的训练集建设。

　　（1）气象业务典型算法通过收集、整理、改造后,将算法输入、输出与大数据存储环境相匹配。通过产品加工流水线进行任务调度处理,生成周期性产品。任务调度过程中,向综合监控系统发送任务执行状态、结果、日志等信息。该模块主要将算法的产品输出结果,回写到大数据存储环境中。

　　（2）机器学习算法集成建立机器学习框架,提供特征工程、统计、训练、评估、预测和模型发布等功能,覆盖机器学习全流程,支持将学习形成的模型集成在加工流水线中,集成决策树、神经网络、遗传算法、朴素贝叶斯分类器、最小二乘法、支持向量机、K 近邻等算法的组件化封装,同时支持外部算法的标准化集成。支持组件算法的样例数据检验以及网络产品界面设计（Website User Interface,简称 Web UI）交互端可视化。各组件之间通过内部函数功能组件化加载,便于组件编排选择。

　　（3）机器学习的训练集建设指针对典型气象业务场景,为业务人员提供用于机器学习的训练集生成辅助工具,主要功能包括收集样本、辅助标记、结果集导出。支持根据训练集训练需要抽取数据存储管理子系统中的结构化和非结构化数据,包括一定时间和空间窗口内的数值预报产品、雷达资料、卫星资料、地面观测资料和高空探测资料,支持根据一定的条件过滤获得精确样本,支持图像、网格数据在线框选标记,支持以某类确定性数据如地面自动站降水观测数据作为标注,标记结果支持按照主流机器学习框架输入格式导出。

3.3.2.5　数据存储管理子系统

　　概述:数据存储管理子系统针对不同的数据形态设计不同类型的数据管理模式,支持结构化数据分布式关系型数据库存储、非结构化数据支持索引和分布式 NAS 存储,支持硬件对象存储,对气象观测数据、气象业务和服务产品、行业和社会数据等进行规范化和高效存储和备份。对外提供相应的数据服务接口,支持数据的查询、检索、统计分析及数据挖掘,实现实时、历史一体化的在线访问开放存储能力,支持业务产品回写,支持分布式计算、挖掘分析、机器学习等新型计算框架的访问,服务接口遵循气象数据统一服务接口 MUSIC（Meteorological U-nified Service Interface Community,简称 MUSIC）标准规范进行设计,通过符合气象标准的开放接口,并在其基础上进行定制开发,保证各业务系统与大数据平台的无缝对接,全面提升数据服务性能。

　　存储规划:结构化数据资源按照数据形态、资源的使用方式以及访问效率要求,分为结构化数据库基础库、分析存储库、分布式表格系统 3 类存储,使用服务器本地 SSD（Solid State Disk 固态硬盘,简称 SSD）硬盘作存储介质。其中结构化数据库基础库存储近一年的实时数据,数据量约 4.4 TB;分析型数据库存储 5 年的全部结构化数据,数据量约 22 TB;分布式表格系统主要以切片的形式存储近实时的非结构化资料,存储时限约 3 个月,数据量约 24 TB。非结构化数据存储容量需求为 481.05 TB,其中大数据管理云平台 397.47 TB,人工影响天气海事卫星空地通信指挥系统 7.6 TB 和生态数据分析系统 55.98 TB,高性能计算机系统回存至气象大数据管理云平台的产品约 20 TB。

组成:数据存储管理子系统由数据库设计模块、结构化数据存储管理模块、非结构化数据存储管理模块和数据访问接口模块组成,子系统组成如图 3-21 所示。

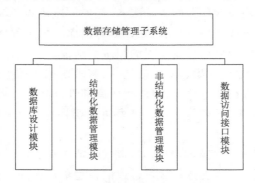

图 3-21　数据存储管理子系统组成

流程:数据存储管理子系统的流程包括数据入库流程和数据访问流程 2 个方面。

(1)数据入库流程

1)数据加工处理子系统将完成预处理的各类气象业务数据文件放入相应的临时目录中,数据存储管理子系统根据任务配置信息在规定的时间启动任务并从临时目录中获取待入库的数据文件。

2)数据处理模块根据策略对数据文件进行相应的处理并入数据库存储,结构化数据存入分布式关系型数据库中,非结构化数据存入分布式文件系统中。

3)完成数据入库后,系统根据存储策略进行历史库的数据转储。

(2)数据访问流程

1)外部系统或指定用户可以基于统一访问接口发起数据库操作请求,由数据存储管理功能基于存储管理策略执行指定的数据库操作。

2)以数据访问操作为例,系统基于数据检索策略进行待访问数据的检索定位,并从指定的数据库中获取数据。

3)系统将外部系统或指定用户请求访问的数据通过接口反馈给数据请求方,同时记录数据库操作日志信息。

数据存储管理子系统流程如图 3-22 所示。

接口:数据存储管理子系统为气象数据加工处理子系统提供数据存储环境,优化存储性能,提高效率,在开放的 API、工具和技术上构建,可最大化地提高气象数据加工处理子系统的存储速度。数据加工处理子系统为数据存储管理子系统提供产品的生产,数据采集子系统也可为数据加工处理子系统提供所需数据。

数据存储管理子系统主要为业务监控子系统提供监控、告警信息,业务监控子系统向数据存储管理子系统提供控制指令、同步及配置信息指导其运行。

数据采集子系统可将原始数据资料入库归档。

数据存储管理子系统向数据展示子系统提供展示的数据产品。

数据存储管理子系统向数据共享服务子系统提供数据产品,共享服务子系统通过数据访

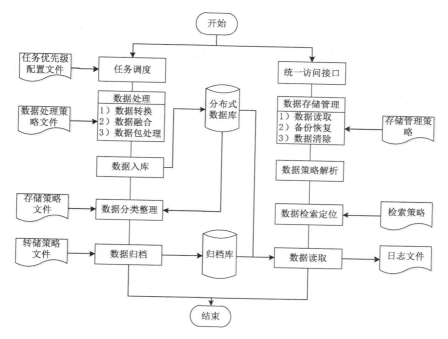

图 3-22 数据存储管理子系统业务流程

问接口进行数据查询。

数据存储管理子系统接口关系如图 3-23 所示。

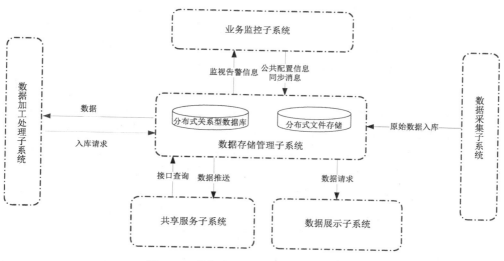

图 3-23 数据存储管理子系统接口关系

系统性能指标：

(1)数据存储规模≥500 TB；

(2)针对海量数据的结构化数据实时访问响应时间<2 s；

(3)实时数据解码入库全流程处理时间<5 s；

（4）功能服务接口响应时间＜1 s；

（5）数据查询检索时间＜1 s。

数据库设计模块：数据库设计模块主要根据气象数据资源及气象应用对数据访问的需求、数据的主要应用领域和数据的关联程度，对气象大数据综合应用平台进行逻辑库设计。根据数据的应用需求和数据存储策略，结合逻辑库设计，对气象大数据综合应用平台进行物理库设计。并对核心资料进行数据库表设计，包括表名称四级编码等。

（1）逻辑库设计

根据气象数据资源及气象应用对数据访问的需求、数据的主要应用领域和数据的关联程度，将气象数据分为 3 个逻辑库：气象业务数据库、个例数据库、监控运维数据库。

1）气象业务数据库

气象业务数据主要包含气象基础数据和气象产品数据。

气象基础数据是指基础的、原生的、不动的基础数据，主要包括气象基础观测数据、社会观测气象数据、行业气象数据和国家基础信息资源。其中，气象基础观测数据指气象观测和遥测系统所产生的观、探测数据，包括地面、高空、辐射、农业和生态气象、大气成分、雷达、卫星、水文站雨量等；行业气象数据指与交通、水文、环保、旅游和电力部门共享的行业基础数据；国家基础信息是通过部门间信息交换共享所获取的人口信息、宏观经济信息、土地利用信息等自然科学数据、交通信息、公共安全信息、水文地质信息、农业信息、风能太阳能信息、环保信息、灾情信息、文化信息等。

气象产品数据是指基于气象基础数据，通过一定的数据加工处理算法或通过人工收集整编生成的供天气、气候、公共气象服务、综合观测业务应用系统和用户使用的气象产品数据，是面向业务和服务的气象产品数据，主要包括气象基础统计数据产品、气象监测数据产品、气象预测预报数据产品、气象服务数据产品以及生态数据融合产品等 5 大类。其中，气象基础统计产品指通过对气象基础数据进行数据统计分析、整编生成的气象基础统计数据，包括站点统计产品、格点统计产品、气候统计产品（日、旬、候、季、年、历史上今天等）、灾情统计产品等；气象监测数据产品指利用相关数据加工算法，对气象基础监测数据加工和分析，制作生成的气象监测数据产品，包括站点网格化产品、站点面雨量或基于地理信息的网格点面雨量计算产品、雷达产品（如雷达拼图产品、雷达定量降水估测、雷达最大反射率产品等）和卫星产品（如卫星云分类产品、可见光产品、降水产品等）等；气象预报业务产品指通过各种气象预报算法分析制作完成的面向气象预报业务的各类气象预报产品或数值预报产品，包括短时临近预报产品、天气预报产品、强对流天气预报产品、精细化气象要素预报产品、环境气象产品、短期气候预测产品、气候监测诊断产品、气候影响评价产品、人工影响天气产品、卫星地表环境监测产品、空间天气产品、大气成分监测产品、雷达监测预警产品等；气象服务业务产品指在气象预报数据、气象监测数据和相关专业数据的基础上，通过各种气象服务方法和服务需求，加工制作的气象服务业务产品，包括专业气象服务产品、突发预警服务产品等。生态数据融合产品展示主要是实现对地面观测数据、自动观测数据、遥感数据等多源数据的融合应用展示，内蒙古区域多要素同化产品展示以及利用 FY-4 号、葵花 8 号等新一代静止气象卫星数据开发的定量生态遥感产品展示。

业务产品生成后，通过数据统一服务接口写入产品库，并通过统一访问接口提供服务。

2）个例数据库

个例数据主要是气象个例应用中相关的数据,比如,天气个例的描述,影响区域和范围,天气个例分析的数据等,对于非结构化数据主要存储个例数据源位置和相关描述。

3)监控运维数据库

监控运维数据主要包括日志信息、报警信息、用户行为等各个业务系统产生的运维日志。

(2)物理库设计

根据数据的应用需求和数据存储策略,结合逻辑数据库设计,将气象大数据管理云平台的3 个逻辑数据库分为 7 个物理库,详情见表 3-2 所示。

表 3-2　数据库逻辑结构与物理结构对应表

逻辑数据库	物理库	主要存储技术
气象业务数据库	地面自动气象站数据库	分布式关系型数据库
	其他站点数据库	分布式关系型数据库
	非结构化数据索引库	分布式关系型数据库
	非结构化数据实时库	分布式 NAS/对象存储系统
	非结构化数据历史库	分布式 NAS/对象存储系统
个例数据库	个例数据库	分布式关系型数据库,分布式 NAS/对象存储系统
监控运维库	监控运维库	分布式关系型数据库,非关系型数据库

其中,气象业务数据库主要涵盖以下数据表:

1)地面气象资料

按照种类和用途,各类地面气象资料数据表信息设计见表 3-3。

表 3-3　地面气象资料数据表

序号	数据表中文名	RDBMS 表名	序号	数据表中文名	RDBMS 表名
1	地面探测 TAC 原始公报数据表	SURF_WEA_GLB_BUL_TAC_TAB	9	中国地面分钟压温湿风地温常用要素数据表	SURF_WEA_CHN_MUL_MIN_MAIN_TAB
2	地面探测 BUFR 原始公报数据表	SURF_WEA_GLB_BUL_BUFR_TAB	10	中国地面分钟其他要素数据表	SURF_WEA_CHN_MUL_MIN_OTHER_TAB
3	全球地面原始报告数据表	SURF_WEA_GLB_REP_TAB	11	国内重要天气报资料数据表	SURF_WEA_C_MUL_FTM_WSET_TAB
4	中国地面原始报告数据表	SURF_WEA_CHN_REP_TAB	12	中国地面日值资料数据表	SURF_WEA_CHN_MUL_DAY_TAB
5	中国地面一体化质控前原始报告数据表	SURF_WEA_CHN_REP_AWS_TAB	13	中国地面旬值资料数据表	SURF_WEA_CHN_MUL_TEN_TAB
6	中国地面逐小时探测资料数据表	SURF_WEA_CHN_MUL_HOR_TAB	14	中国地面月值资料数据表	SURF_WEA_CHN_MUL_MON_TAB
7	全球地面逐小时探测资料数据表	SURF_WEA_GLB_MUL_HOR_TAB	15	全球地面月值资料数据表	SURF_WEA_GLB_MUL_MON_TAB
8	中国地面自动站分钟降水资料数据表	SURF_WEA_CHN_PRE_MIN_TAB	16	中国地面年值资料数据表	SURF_WEA_CHN_MUL_YER_TAB

序号	数据表中文名	RDBMS 表名	序号	数据表中文名	RDBMS 表名
17	中国地面日照资料数据表	SURF_WEA_CHN_SSD_HOR_TAB	28	全球地面日值表	SURF_WEA_GLB_MUL_GSODDAY_TAB
18	地面自动站状态信息数据表	SURF_WEA_CHN_STI_F_TAB	29	达尔文和塔希提站月海平面气压资料数据表	SURF_DARW_TAHI_MON_SLP_TAB
19	风能资源观测数据文件数据表	SURF_BOU_CHN_F_TAB	30	全球气温日值数据表	SURF_CLI_GLB_TEM_HDAY_TAB
20	地面格点数据文件数据表	SURF_WEA_CHN_GRID_F_TAB	31	全球降水日值数据表	SURF_CLI_GLB_PRE_HDAY_TAB
21	中国历史分钟数据文件存储数据表	SURF_BOU_CHN_F_TAB	32	全球陆地均一化平均气温月值数据表	SURF_CLI_GLB_AVET_HMON_TAB
22	中国公路交通基本气象要素数据表	SURF_WEA_CHN_TRAFW_MUL_TAB	33	全球陆地均一化最高气温月值数据表	SURF_CLI_GLB_MAXT_HMON_TAB
23	中国公路交通分钟降水资料数据表	SURF_WEA_CHN_TRAFW_PRE_TAB	34	全球陆地均一化最低气温月值数据表	SURF_CLI_GLB_MINT_HMON_TAB
24	自动气象站状态信息数据表	SURF_WEA_CHN_STI_E_TAB	35	全球陆地降水月值订正值数据表	SURF_CLI_GLB_PRE_HMON_TAB
25	国外降水数据表	SURF_WEA_DPRK_PRE_HOR_TAB	36	中国地面日候旬月季年值	SURF_WEA_CHN_MUL_［DAY, TEN, MON, YEA］_TAB
26	行业降水数据表	SURF_WEA_MWR_PRE_TAB	37	行业 2006 年交换资料	SURF_WEA_CHN_MUL_HOR_TAB
27	中国船舶自动站资料数据表	SURF_WEA_CHN_SHIP_TAB			

2) 高空气象资料

按照种类和用途,各类高空气象资料数据表信息见表 3-4。

表 3-4　高空气象资料数据表

序号	数据表中文名	RDBMS 表名	序号	数据表中文名	RDBMS 表名
1	高空探测原始公报数据表	UPAR_WEA_GLB_BUL_TAC_TAB	5	全球高空定时值数据键表	UPAR_WEA_GLB_MUL_FTM_K_TAB UPAR_WEA_GLB_MUL_FTM_TAB
2	高空探测 BUFR 原始公报数据表	UPAR_WEA_GLB_BUL_BUFR_TAB	6	全球高空定时值原始数据键表	UPAR_WEA_GLB_MUL_FTM_O_K_TAB
3	高空探测原始报告数据表	UPAR_WEA_GLB_REP_TAB	7	高空探测基本参数资料	UPAR_WEA_CHN_PARA_TAB
4	飞机探测原始报告数据表	UPAR_ARD_GLB_REP_TAB	8	中国高空秒数据键表	UPAR_WEA_CHN_MUL_NSEC_K_TAB

序号	数据表中文名	RDBMS 表名	序号	数据表中文名	RDBMS 表名
9	中国高空分钟数据键表	UPAR_WEA_C_MUL_MIN_K_TAB	18	中国高空历年值规定层旬值数据表	UPAR_CLI_CHN_STL_TEN_TAB
10	全球飞机标准 AMDAR 高空探测资料要素表	UPAR_ARD_G_MUL_MUT_AMD_TAB	19	中国高空历年值规定层月值数据表	UPAR_CLI_CHN_STL_MON_TAB
11	中国风廓线实时采样数据产品	UPAR_WPF_C_MUL_MUT_R_K_TAB	20	中国高空气候值累年旬值数据表	UPAR_CLI_CHN_ATEN_1981_2010
12	中国风廓线半小时采样数据产品	UPAR_WPF_C_MUL_MUT_H_K_TAB	21	中国高空气候值累年月值数据表	UPAR_CLI_CHN_AMON_1981_2010
13	中国风廓线一小时采样数据产品	UPAR_WPF_C_MUL_MUT_O_K_TAB	22	中国高空气候值累年年值数据表	UPAR_CLI_CHN_AYEA_1981_2010
14	中国高空文件索引表	UPAR_FILE_DATA_F_TAB	23	全球高空历年值规定层月值数据表	UPAR_CLI_GLB_STL_MON_TAB
15	GPS/MET 水汽资料数据表	UPAR_CHN_GPSMET_TAB	24	全球高空历年值规定层年值数据表	UPAR_CLI_GLB_STL_YER_TAB
16	中国闪电定位云地闪资料数据表	UPAR_LIL_CHN_TAB	25	全球高空气候值累年值数据表(1981—2010)	UPAR_CLI_GLB_STL_AYEA_1981-2010_TAB
17	ADTD 系统雷电定位资料数据表	UPAR_ADTD_CHN_TAB			

3)农业气象资料

按照种类和用途,各类农业气象资料数据表见表 3-5。

表 3-5　农业气象资料数据表

序号	数据表中文名	RDBMS 表名	序号	数据表中文名	RDBMS 表名
1	农业与生态气象原始报告数据表	AGME_ECO_REP_ABRE_SECT_TAB	7	产量因素与产量结构数据表	AGME_CROP04_CHN_TAB
2	旬气象要素数据表	AGME_METE01_CHN_TAB	8	关键农事活动数据表	AGME_CROP06_CHN_TAB
3	月气象要素数据表	AGME_METE02_CHN_TAB	9	县产量水平数据表	AGME_CROP07_CHN_TAB
4	作物生长发育数据表	AGME_CROP01_CHN_TAB	10	土壤水文物理特性数据表	AGME_SOIL01_CHN_TAB
5	干物质与叶面积数据表	AGME_CROP02_CHN_TAB	11	土壤相对湿度数据表(旬值)	AGME_SOIL02_CHN_TAB
6	灌浆速度数据表	AGME_CROP03_CHN_TAB	12	土壤相对湿度月值数据表(2015 年 7 月增加)	AGME_SOIL02_CHN_MON_TAB

续表

序号	数据表中文名	RDBMS 表名	序号	数据表中文名	RDBMS 表名
13	土壤水分总存储量数据表	AGME_SOIL03_CHN_TAB	25	农业灾害调查数据表	AGME_DISA02_CHN_TAB
14	土壤有效水分存储量数据表	AGME_SOIL04_CHN_TAB	26	牧草与家畜灾害数据表	AGME_DISA03_CHN_TAB
15	土壤冻结与解冻数据表	AGME_SOIL05_CHN_TAB	27	土壤水分逐小时资料键表	AGME_SOIL_FTM_K_TAB
16	植（动）物物候期数据表	AGME_PHENO01_CHN_TAB	28	土壤水分日值资料键表	AGME_SOIL_DAY_K_TAB AGME_SOIL_DAY_TAB
17	气象水文现象数据表	AGME_PHENO03_CHN_TAB	29	土壤水分旬值资料键表	AGME_SOIL_TEN_K_TAB AGME_SOIL_TEN_TAB
18	牧草发育期数据表	AGME_GRASS01_CHN_TAB	30	土壤水分月值资料键表	AGME_SOIL_MON_K_TAB AGME_SOIL_MON_TAB
19	牧草生长高度数据表	AGME_GRASS02_CHN_TAB	31	农业与生态气象资料文件数据表	AGME_ECO_CHN_MUL_
20	牧草产量数据表	AGME_GRASS03_CHN_TAB	32	植株分器官干物质重量数据表	AGME_CROP08_CHN_TAB
21	牧草覆盖度及草层采食度数据表	AGME_GRASS04_CHN_TAB	33	大田生育状况调查数据表	AGME_CROP09_CHN_TAB
22	灌木半灌木密度数据表	AGME_GRASS05_CHN_TAB	34	大田基本情况数据表	AGME_CROP10_CHN_TAB
23	家畜膘情等级与羯羊重调查数据表	AGME_GRASS06_CHN_TAB	35	水利部土壤墒情数据表	SURF_WEA_MWR_SOIL_TAB
24	农业灾害观测数据表	AGME_DISA01_CHN_TAB			

4)生态气象资料

按照种类和用途,各类生态气象资料数据表见表 3-6。

表 3-6　生态气象资料数据表

序号	数据表中文名	RDBMS 表名	序号	数据表中文名	RDBMS 表名
1	天然草场植物物种多样性	AGME_GRASS_SPECIES_TAB	4	沙丘移动监测	AGME_SAND_MOVE_TAB
2	天然牧草营养成分监测	AGME_GRASS_NUTRITION_TAB	5	草场（农田）风蚀度监测	AGME_SAND_WIND_TAB
3	森林可燃物	AGME_FOREST_BURN_TAB	6	霜冻监测数据报表	AGME_DISASTER_FROST_TAB

序号	数据表中文名	RDBMS 表名	序号	数据表中文名	RDBMS 表名
7	冷雨湿雪监测数据报表	AGME ＿ DISASTER ＿ RAIN_TAB	15	干旱监测数据报表	AGME ＿ DISASTER ＿ DROUGHT_TAB
8	雪灾监测数据报表	AGME ＿ DISASTER ＿ SNOW_TAB	16	森林草原火灾监测数据报表	AGME ＿ NDISASTER ＿ FIRE_TAB
9	凌汛监测数据报表	AGME_DISASTER＿ICE_TAB	17	病虫害监测数据报表	AGME ＿ NDISASTER ＿ INSECT_TAB
10	暴风雪监测数据报表	AGME ＿ DISASTER ＿ SNOWSTORM_TAB	18	鼠害监测数据报表	AGME ＿ NDISASTER ＿ MOUSE_TAB
11	雹灾监测数据报表	AGME ＿ DISASTER ＿ HAIL_TAB	19	山洪地质灾害监测数据报表	AGME ＿ NDISASTER ＿ MOUNTAIN_TAB
12	沙尘暴监测数据报表	AGME ＿ DISASTER ＿ SANDSTORM_TAB	20	地下水位检测表	AGME ＿ WATER ＿ UNDERG_TAB
13	风灾监测数据报表	AGME ＿ DISASTER ＿ WIND_TAB	21	天然牧草干鲜重检测表	AGME ＿ GRESS ＿ WEIGHT_TAB
14	洪涝监测数据报表	AGME ＿ DISASTER ＿ FLOOD_TAB	22	天然牧草监测数据报表	AGME ＿ GRASS ＿ OBSERVE_TAB

5）辐射气象资料

根据种类和用途，各类辐射气象资料数据表见表 3-7。

表 3-7　辐射气象资料数据表

序号	数据表中文名	RDBMS 表名	序号	数据表中文名	RDBMS 表名
1	辐射原始报告表	RADI_WEA_CHN_REP_TAB	4	基准辐射正点资料数据表	RADI ＿ MUL ＿ CHN ＿ BSRN_HOR_TAB
2	自动站辐射资料数据表	RADI_MUL_CHN_HOR_TAB	5	基准辐射实时状态信息数据表	RADI ＿ MUL ＿ CHN ＿ BSRN_STA_TAB
3	基准辐射分钟资料数据表	RADI_MUL_CHN_BSRN_MIN_TAB			

6）大气成分、酸雨气象资料

按照种类和用途，各类大气成分、酸雨气象资料数据表见表 3-8。

表 3-8　大气分成、酸雨气象资料数据表

序号	数据表中文名	RDBMS 表名	序号	数据表中文名	RDBMS 表名
1	沙尘暴数据文件索引表	CAWN ＿ SAND ＿ FILE ＿ TAB	3	酸雨数据文件索引表	CAWN_AR_FILE_TAB
2	大气成分数据文件索引表	CAWN ＿ CAWN ＿ FILE ＿ TAB	4	酸雨日值资料数据表	CAWN_CHN_AR_TAB

序号	数据表中文名	RDBMS 表名	序号	数据表中文名	RDBMS 表名
5	气溶胶质量浓度（PMM/PMMUL）资料数据表	CAWN _ SAND _ PMM _TAB	10	TSP 采样观测资料数据表	SAND_CHN_TSP_TAB
6	沙尘暴铁塔平均场观测资料数据表	SAND_CHN_ATW_TAB	11	土壤湿度观测资料数据表	SAND_CHN_SOI_TAB
7	沙尘暴与气溶胶能见度观测资料数据表（气溶胶能见度与可见光能见度合并）	SAND_CHN_VIS_TAB	12	干沉降观测资料数据表	SAND_CHN_DDS_TAB
8	大气浑浊度观测资料数据表	SAND_CHN_NEP_TAB	13	气溶胶数浓度（NSD）观测资料数据表	CAWN_CHN_NSD_TAB
9	PM_{10}观测资料数据表	SAND_CHN_PM10_TAB	14	旅游景区负氧离子观测数据表	CAWN _ WEA _ TRAV _ NEGATO_TAB

7）数值预报资料

根据种类和用途，各类数值预报资料数据表见表 3-9。

表 3-9　数据预报资料数据表

序号	数据表中文名	RDBMS 表名	序号	数据表中文名	RDBMS 表名
1	GRAPESGFS 模式产品	NAFP _ GRAPESGFS _ FOR _ FTM _ FILE _ K _TAB	12	智能网格二源快速融合降水小时产品	NAFP_FOR_FTM_CMPA_FAST_HOR_CHN_0_0
2	GRAPES 模式产品	NAFP_GRAPES_FOR_FTM_FILE_K_TAB	13	智能网格二源快速融合降水日产品	NAFP_FOR_FTM_CMPA_FAST_DAY_CHN_0_0
3	欧洲低分模式产品	NAFP _ ECMF _ FOR _ FTM_FILE_K_TAB	14	智能网格三源实时融合降水小时产品	NAFP_FOR_FTM_CMPA_FRT_HOR_CHN_0_0
4	欧洲高分模式产品－C1D	NAFP _ ECMF _ FOR _ FTM_FILE_K_TAB	15	智能网格三源实时融合降水日产品	NAFP_FOR_FTM_CMPA_FRT_DAY_CHN_0_0
5	欧洲高分模式产品－C2P	NAFP _ ECMF _ FOR _ FTM_FILE_K_TAB	16	智能网格逐 10 分钟降水产品	NAFP_FOR_FTM_CMPA_FAST_10MIN_CHN_0_0
6	欧洲高分模式产品－C3E	NAFP_ECMFENS_FOR_FTM_FILE_K_TAB	17	国家级网格预报指导产品（分省）	NAFP _ PRODUCT _ FILE _TAB
7	日本低分模式产品	NAFP_RJTD_FOR_FTM_FILE_K_TAB	18	全国网格预报服务产品（定时拼接－全国）	NAFP _ PRODUCT _ FILE _TAB
8	日本高分模式产品	NAFP_RJTD_FOR_FTM_FILE_K_TAB	19	全国网格预报服务产品（逐时滚动－分省）	NAFP _ PRODUCT _ FILE _TAB
9	美国模式数据	NAFP _ KWBC _ FOR _ FTM_FILE_K_TAB	20	省级网格预报订正产品	NAFP _ PRODUCT _ FILE _TAB
10	德国天气模式产品	NAFP _ EDZW _ FOR _ FTM_FILE_K_TAB	21	3DCloudA 中国逐小时三维云量融合实况分析产品	NAFP _ FOR _ FTM _ 3DCloudA_RT_CHN_0_0
11	智能网格实况分析产品	NAFP _ FOR _ FTM _ CLDAS_0P05_CHN_0_0			

8）雷达资料

按照种类和用途，各类雷达资料数据表见表 3-10。

表 3-10 雷达资料数据表

序号	数据表中文名	RDBMS 表名	序号	数据表中文名	RDBMS 表名
1	质控前原始格式多普勒天气雷达基数据—单站单文件	RADA_CHN_DOR_L2_UFMT_F_TAB	13	质控后多普勒天气雷达组网产品—快视图文件	RADA_CHN_DOR_L3_MST_VW_TAB
2	质控前原始格式多普勒天气雷达基数据—打包文件（存储）	RADA_CHN_DOR_L2_FMT_F_TAB_P	14	质控后多普勒天气雷达组网产品—打包产品文件（存储）	RADA_CHN_DOR_L3_MST_PD_F_TAB_P
3	质控前统一格式多普勒天气雷达基数据—单站单文件	RADA_CHN_DOR_L2_FMT_F_TAB	15	多普勒天气雷达状态信息表—单站单文件	RADA_CHN_DOR_STA_F_TAB
4	质控前统一格式多普勒天气雷达基数据—打包文件（存储）	RADA_CHN_DOR_L2_FMT_F_TAB_P	16	多普勒天气雷达状态信息表—打包文件（存储）	RADA_CHN_DOR_STA_F_TAB_P
5	质控后统一格式多普勒天气雷达基数据—单站单文件	RADA_CHN_DOR_L2_QC_F_TAB	17	多普勒天气雷达告警信息表—单站单文件	RADA_CHN_DOR_ALM_F_TAB
6	质控后统一格式多普勒天气雷达基数据—打包文件（存储）	RADA_CHN_DOR_L2_QC_F_TAB_P	18	多普勒天气雷达告警信息表—打包文件（存储）	RADA_CHN_DOR_ALM_F_TAB_P
7	雷达单站 PUP 产品—单站单文件	RADA_CHN_DOR_L3_PUP_F_TAB	19	香港天气雷达产品—产品文件	RADA_HK_MUR_L3_F_TAB
8	雷达单站 PUP 产品—打包文件（存储）	RADA_CHN_DOR_L3_PUP_F_TAB_P	20	大探天气雷达单站产品—单站单文件	RADA_CHN_DOR_L3_MOCPUP_F_TAB
9	质控后多普勒天气雷达单站产品—单站单文件（数字产品和原分辨率图）	RADA_CHN_DOR_L3_ST_PD_F_TAB	21	大探天气雷达单站产品—打包文件	RADA_CHN_DOR_L3_MOCPUP_F_TAB_P
10	质控后多普勒天气雷达单站产品—单站快视图	RADA_CHN_DOR_L3_ST_VW_F_TAB	22	大探天气雷达组网产品—单文件	RADA_C_D_L3_MOC-MST_PD_F_TAB
11	质控后多普勒天气雷达单站产品—打包产品文件（存储）（数字产品和原分辨率图）	RADA_CHN_DOR_L3_ST_PD_F_TAB_P	23	大探天气雷达组网产品—打包文件	RADA_C_D_L3_MOC-MST_PD_F_TAB_P
12	质控后多普勒天气雷达组网产品—产品文件（数字产品和原分辨率图）	RADA_CHN_DOR_L3_MST_PD_TAB	24	SWAN 雷达产品表	RADA_CH_DOR_L3_SWAN_F_TAB

9) 卫星资料

按照种类和用途,各类卫星资料数据表见表 3-11。

表 3-11　卫星气象资料数据表

序号	数据表中文名	RDBMS 表名	序号	数据表中文名	RDBMS 表名
1	卫星探测 TAC 原始公报数据表	SATE_BUL_TAC_GLB_TAB	14	极轨卫星资料信息表—历史图像产品数据表	SATE_ORB_IMAGE_HIS_F_TAB
2	卫星探测 BUFR 原始公报数据表	SARE_BUL_BUFR_GLB_TAB	15	极轨卫星资料信息表—历史定量产品数据表	SATE_ORB_PRODUCT_HIS_F_TAB
3	静止卫星资料信息表—原始数据表	SATE_GEO_RAW_F_TAB	16	多卫星或其他卫星资料—历史数据表	SATE_OTHERS_HIS_F_TAB
4	静止卫星资料信息表—图像产品数据表	SATE_GEO_IMAGE_F_TAB	17	卫星探测特定气压层风和温度要素资料数据表	SATE_PROFILE_WIND_CLOUD_TAB
5	静止卫星资料信息表—定量产品数据表	SATE_GEO_PRODUCT_F_TAB	18	卫星探测高空厚度要素资料键表	SATE_PROFILE_DEPTH_KEY_TAB
6	极轨卫星资料信息表—原始数据表	SATE_ORB_RAW_F_TAB	19	卫星探测高空可降水分要素资料键表	SATE_PRECIPITABLE_WATE_KEY_TAB
7	极轨卫星资料信息表—图像产品数据表	SATE_ORB_IMAGE_F_TAB	20	卫星探测晴空辐射要素资料(历史数据)键表	SATE_CLEARSKY_RADIANCE_KEY_TAB-SATE_CLEARSKY_RADIANCE_TAB
8	极轨卫星资料信息表—定量产品数据表	SATE_ORB_PRODUCT_F_TAB	21	卫星探测地面温度要素资料(历史数据)数据表	SATE_PROFILE_LST_TAB
9	多卫星或其他卫星资料数据表	SATE_OTHERS_F_TAB	22	卫星探测特定气压层风要素资料(历史数据)数据表	SATE_PROFILE_WIND_TAB
10	静止卫星资料信息表—历史原始数据表	SATE_GEO_RAW_HIS_F_TAB	23	卫星探测云要素资料(历史数据)数据表	SATE_PROFILE_CLOUD_TAB
11	静止卫星资料信息表—历史图像产品数据表	SATE_GEO_IMAGE_HIS_F_TAB	24	卫星探测对流层湿度要素资料(历史数据)数据表	SATE_TROPOSPHERE_RELH_TAB
12	静止卫星资料信息表—历史定量产品数据表	SATE_GEO_PRODUCT_HIS_F_TAB	25	卫星云导风资料数据表	SATE_CLOUDW_R2CWE_TAB
13	极轨卫星资料信息表—历史原始数据表	SATE_ORB_RAW_HIS_F_TAB			

10)气象服务产品

按照种类和用途,各类气象服务产品数据表见表 3-12。

表 3-12　气象服务产品数据表

序号	数据表中文名	RDBMS 表名	序号	数据表中文名	RDBMS 表名
1	气象服务产品原始公报数据表	SEVP_BUL_TAB	7	服务产品文件管理索引数据表	SEVP _ WEFC _ FILE _ DATA_TAB
2	气象服务产品原始报告数据表	SEVP_REP_TAB	8	旅游景区气象服务产品数据表	SEVP _ CHA _ TRAV _ PROD_TAB
3	中国精细化预报资料键表	SEVP _ WEFC _ RFFC _ KEY_TAB	9	紫外线指数预报资料	SEVP_CHN_UVINDEX _TAB
4	城市预报产品	SEVP _ WEFC _ ACPP _TAB	10	国外城市小时实况资料数据表	SEVP_ARD_WEFC_FC-STR_TAB
5	台风实况与预报要素键表	SEVP_WEFC_TYP_WT_ KEY_TAB	11	国外城市预报产品数据表	SEVP_ARD_WEFC_FC-STF_TAB
6	大城市逐 6 小时精细化预报产品资料键表	SEVP_WEFC_RFFC_06_ KEY_TAB	12	紫外线预报指数	SEVP_CHN_UVINDEX _TAB

11)行业数据

行业资料数据表见表 3-13。

表 3-13　行业资料数据表

序号	数据表中文名	RDBMS 表名
1	中国地面逐小时资料	SURF_WEA_HYSJ_HOR_TAB

12)气象灾害预警信号

气象灾害预警信号资料数据表见表 3-14。

表 3-14　气象灾害预警信号资料数据表

序号	数据表中文名	RDBMS 表名
1	气象灾害预警信号数据	DISA_WEA_CHN_ALERT_TAB

13)人工影响天气数据

根据种类和用途,各类人工影响天气服务资料数据表见表 3-15。

表 3-15　人工影响天气服务资料数据表

序号	数据表中文名	RDBMS 表名	序号	数据表中文名	RDBMS 表名
1	飞行记录表	FLIGHT_RECORD	5	航线点记录表	ROUTEPOINT
2	消息记录表	MESSAGE	6	站点记录表	STATION
3	飞机作业表	PLANEWORKTOTAL	7	任务	TASK
4	航线记录	ROUTE	8	路线表	TRACK

结构化数据存储管理模块:结构化数据的存储结构主要涉及存储结构命名和存储结构策

略定义。其中,存储结构命名包括数据库、表、要素列等命名,存储结构策略定义包括分库分表、键表—要素表、全局表、分区、索引等定义。

(1)存储结构命名

存储结构的命名主要参考《气象数据库存储管理命名:QX/T 233—2014》,数据库服务命名格式为气象数据管理中心代码_气象数据库分类代码_气象数据库特征代码。表名一般由英文字母和下划线组成,前 4 位采用存储数据所在气象 16 类中的编码,比如地面资料表为 SURF,对于基础观测数据表,完全遵循 CIMISS 数据存储结构规范文档,本地应用的统计结果数据存储结构参考 CIMISS 数据结构进行定义,表名在最后添加_P 加以区分,格式为 XXXX_XXX_XX_TAB_P。各单位的应用表在表名后面添加单位标识,格式为 XXXX_XXX_XX_TAB_[单位标识],比如内蒙古为 BEHT。字段名定义遵循 CIMISS 数据存储结构规范文档中的字段定义,对于未定义的,参考 BUFR 码。数据表结构创建时,表名与每个字段名都必须添加注释信息(COMMENT)。

(2)存储结构策略定义

分布式数据库集群内部分库分表是为了将数据尽可能打散到每个节点的数据库中,提高并发检索时的效率,在进行结构定义时遵循以下规则:

1)考虑到应用会访问某一时刻所有站点的资料,对于类似自动气象站地面资料的站点资料,使用分布式数据库技术本身的分库分表技术进行存储,先按站号字段进行分库将数据打散到每个节点数据库中,然后再按时间字段进行分表。最终存放数据的单个物理表的记录为 100 万~200 万条。数据表需要有若干个备用字段,以便后续扩展。对于部分结构化资料无站号的数据,为了数据均衡分布,采用数据的主键进行分库设置。

2)对于类似高空分键值(KEY)与要素(ELE)值表的存储资料,也使用分布式数据库的分库分表技术进行存储,分库分表字段为站号和观测时间。KEY 表和 ELE 表的主外键都是站号和观测时间的组合字段。数据表需要有若干个备用字段,以便后续扩展。

3)中文站名等辅助信息可以使用分布式数据库的广播表或全局表在每个节点的数据库中进行存储,提高与本地的观测数据表进行关联查询时的效率。

4)若需要进行数据分区时,采用观测时间进行分区设置。分区粒度可以根据性能进行调整,可按年/月/日/时等时间尺度进行分区,单个分区内表记录应在 200 万条以下。

5)数据建立索引时为了提高数据检索的效率,根据资料应用的特点适当建立索引,常用的索引主要采用时间与台站号或时间与行政区划或时间加经纬度等组合。

非结构化数据存储管理模块:非结构化数据主要包括文件存储和数据块存储两种形式。其中,文件存储的结构主要定义文件目录组织和文件索引结构,此外,对其中的网格类数据还要定义其内容格式,包括实况分析、模式分析场、再分析等格点分析类以及数值预报、集合预报等格点预报类等两种。

(1)文件存储

1)文件目录组织

文件存储结构设计主要采用标准化规范化存储结构和存储权限,以适合业务应用场景及分布式文件系统存储特性的文件组织方式对海量数据文件进行管理,文件索引信息存储在分布式关系型数据库中,便于进行数据信息的查询和分析。

分布式文件或对象存储中的组织结构主要由资料的分类、产品的属性组成,产品的属性包含数据加工中心、产品种类、加工系统、产品等级、产品的代码、格式以及空间属性、要素和时间属性等信息，属性部分根据资料的特性进行选取。总体原则是存储结构清晰，数据获取方便，单个目录中实体文件不超过 1 万个。目录组织规范为：

/CIMISS/{分类简码}/{产品属性[加工中心]/[产品种类]/[加工系统]/[产品等级]/[产品代码]/[产品格式]/[空间属性]/[要素]/[时间属性]}

{分类简码}：气象数据资源的某类产品简码，如：雷达产品（RADA）

{产品属性}：

— [加工中心]：可选，主要针对数值预报产品。如：ECMWF、NMC、NMIC 等。

— [加工系统]：可选，主要针对卫星产品。如：FY2G、FY3A 等。

— [产品等级]：可选，主要针对卫星、雷达产品。如：L2、L3 等。

— [产品代码]：可选，如：雷达 PUP 产品代码、卫星通道等。

— [产品格式]：可选，主要针对存在多种格式的产品。如：MICAPS、NETCDF 等。

— [空间属性]：可选，如：区域范围、行政范围、台站号、层次等。

— [要素]：可选，可为一个要素或多个要素组合，命名参考数据元标准。

— [时间属性]：可选，可多级，包括：YYYY、YYYY/YYYYMMDD、YYYY-YYYY（如标准值的起止年份 1981—2010）。

资料的分类主要由气象 16 大类、地理信息、多媒体音视频数据、气象个例数据、预警数据、政务数据、探测设备数据和电子出版物数据等组成。分类简码见表 3-16。

表 3-16　气象资料分类简码表

地面数据：SURF	高空数据：UPAR
海洋数据：OCEN	辐射数据：RADI
农气数据：AGME	大气成分数据：CAWN
服务产品：SEVP	灾害数据：DISA
卫星数据：SATE	数值预报：NAFP
雷达数据：RADA	人工影响天气数据：MODI
空间天气数据：SPAC	科考数据：SCEX
历史气候代用数据：HPXY	其他数据：OTHE
地理信息：GIS	多媒体数据：MTMD
个例数据：CASE	预警数据：WARN
政务数据：GOVN	探测设备信息：SENS
电子出版物：JURN	

以气象常用的 23 类资料为例（见表 3-17），根据目录组织规范、资料特点，制定相应资料的存储结构。其中数据预报存储粒度为一个文件存储某个要素某个层次所有预报时效的信息。

表 3-17　常用气象资料目录规范

气象数据资源类别	存储规范
地面数据	/CIMISS/SURF/产品种类/要素/格式/YYYY/YYYYYMMDD
高空数据	/CIMISS/UPAR/产品种类/格式/YYYY/YYYYYMMDD
海洋数据	/CIMISS/OCEN/产品种类/YYYY/YYYYYMMDD
辐射数据	/CIMISS/RADI/产品种类/YYYY/YYYYYMMDD

气象数据资源类别		存储规范
农业气象		/CIMISS/AGME/产品种类/YYYY/YYYYYMMDD
大气成分		/CIMISS/CAWN/产品种类/要素/YYYY/YYYYYMMDD
服务产品		/CIMISS/SEVP/加工中心/产品种类/产品代码/YYYY/YYYYYMMDD
雷达数据	基数据	/CIMISS/RADA/雷达型号/L2/产品种类/YYYY/YYYYYMMDD/台站号 其中产品种类 OBS:观测基数据,STAT:状态数据
	单站产品	/CIMISS/RADA/雷达型号/L3/产品种类/YYYY/YYYYYMMDD/台站号/产品名称
	组网产品	/CIMISS/RADA/雷达型号/L3/加工系统/YYYY/YYYYYMMDD/[区域]/产品名称
卫星数据	一级产品	/CIMISS/SATE/卫星标识/L1/仪器类型/YYYY/YYYYYMMDD
	加工产品	/CIMISS/SATE/卫星标识/产品等级/[仪器类型]/[产品代码]/YYYY/YYYYYMMDD/
数值预报		/CIMISS/NAFP/加工中心/加工系统或产品种类/[空间属性]/[时间尺度属性]/YYYY/YYYYYMMDD/
灾害数据		/CIMISS/DISA/YYYY/产品种类/产品代码/
人工影响天气		/CIMISS/MODI/产品代码/YYYY/YYYYYMMDD/
地理信息		/CIMISS/GIS/产品种类/产品代码/
预警信息		/CIMISS/WARN/产品种类/[预警产品代码]/YYYY/YYYYYMMDD/
个例数据		/CIMISS/CASE/个例名称代码/资料种类/[产品代码]/YYYY/
政务数据		/CIMISS/GOVN/单位代码/产品种类/[产品代码]/YYYY/YYYYYMMDD/
其他数据		/CIMISS/OTHE/产品种类/YYYY/YYYYYMMDD/

其中:YYYY 表示年份,YYYYYMMDD 表示年月日。

所有属性的目录命名应符合《气象数据库存储管理命名》(QX/T 233—2014)中第 9 章的要求,目录名称简短、清晰,应便于人工识别并符合英文缩写习惯。

2)文件索引存储结构

目录中存储的文件(含网格数据文件)都要对索引信息进行存储,文件的索引存储在分布式关系型数据库中,索引数据表根据资料的类型和属性特征进行表设计。文件索引信息至少包含以下几个字段,格式规范见表 3-18。

表 3-18　非结构化数据索引表存储设计规范

序号	要素名称	字段编码	数据类型	约束	说明
1	资料标识	D_DATA_ID	VARCHAR2(30)	N	资料的 4 级编码
2	入库时间	D_IYMDHM	DATE	N	插表时的系统时间
3	收到时间	D_RYMDHM	DATE	N	DPC 消息生成时间
4	资料时间	D_DATETIME	DATE	N	由 V04001,04002,V04003,V04004 组成
5	存储状态	D_FILE_SAVE_HIERARCHY	NUMBER(1)	N	代码表 0:实时库; 1:历史库; 2:磁带;

续表

序号	要素名称	字段编码	数据类型	约束	说明
6	文件存储位置	D_STORAGE_SITE	VARCHAR2(250)	Y	文件的当前实际路径,当迁移到磁带中时,该字段无用
7	文件大小	D_FILE_SIZE	NUMBER(10)	N	BYTE
8	文件格式	V_FILE_FORMAT	VARCHAR2(6)	N	代码表
9	文件名(存储)	V_FILE_NAME	VARCHAR2(100)	N	
10	原文件名	V_FILE_NAME_SOURCE	VARCHAR2(150)	N	
11	……	……	……	Y	其他属性信息

3)网格类文件内容组织

针对文件中的格点数据(格点实况、天气预报模式、集合预报以及气候模式的分析场、再分析、卫星及其统计数据),进行多时次的数据整合后存储,存储目录结构参见文件存储目录和索引结构设计,文件内容组织分为预报数据组织结构和气候预测分析格点数据组织结构。网格数据采用 GRIB 或 NETCDF 文件格式进行存储,GRIB 或 NETCDF 由变量和属性组成,变量一般包含经度、纬度、地面高度/层次高度、要素物理量等,属性值包含长名称、单位、缺测值等信息。变量和属性名称采用英文缩写,其他描述信息自行添加,网格文件变量信息见表 3-19。

表 3-19　网格文件变量信息表

序号	变量/属性	变量/属性中文名称	说明
1	HEIGHT_ABOVE_GROUND	地面高度	一维数组(地面)
2	DEPTH_BELOW_SURFACE_LAYER	土壤深度	一维数组(地面)
3	ISOBARIC	气压层次	一维数组(高空)
4	LON	经度	一维数组
5	LAT	纬度	一维数组
6	TIME	预报时效	一维数组
7	MEMBER	预报成员	一维数组
8	气象要素物理量简写参考数据元标准	气象要素物理量	多为数组
9	LONG_NAME	长名称	字符串
10	UNITS	单位	字符串
11	MISSING_VALUE	缺测值	数值

4)格点分析类数据的内容组织

对该类数据的应用,除了按空间进行分析外,一般还需要将多个时间的数据进行分析,因此,其单个文件的组织一般为:单要素、多时间、多层次。

实况格点数据文件,包含经度、纬度、地面高度/层次高度、要素物理量等变量值,以及变量对应的属性值,包含长名称、单位、缺测值等信息。要素物理量由三维数组组成,按照[地面高度/层次高度,LAT,LON]方式进行数据组织。

再分析格点文件,包含经度、纬度、地面高度/层次高度、时间、要素物理量等变量值,要素物理量由四维数组组成,按照[TIME,地面高度/层次高度,LAT,LON]方式进行数据组织。

5)格点预报类数据的内容组织

对该类数据的应用,除了按空间进行分析外,一般还需要将多个预报时效的数据进行分析,因此,其单个文件的组织一般为:单要素、单起报时间、多预报时效、多层次。

数值预报数据文件,包含经度、纬度、地面高度/层次高度、预报时效、要素物理量等变量值,以及变量对应的属性值,包含长名称、单位、缺测值等信息。要素物理量由四维数组组成,按照[地面高度/层次高度,预报时效,LAT,LON]方式进行数据组织。

集合预报数据文件,包含经度、纬度、地面高度/层次高度、预报时效、要素物理量、预报成员等变量值,以及变量对应的属性值,包含长名称、单位、缺测值等信息。要素物理量由五维数组组成,按照[预报成员,地面高度/层次高度,预报时效,LAT,LON]方式进行数据组织。

(2)数据块存储

对于实时交互要求高的气象数据采用数据块方式进行存储,根据数据块的形态和属性,将其存储结构分为 4 种:网格类数据、文件类数据、站点类数据和矢量类数据。数据块利用分布式表格系统进行存储。

分布式表格系统由数据库名、表空间和表组成。数据库名参考《气象数据库存储管理命名》(QX/T 233—2014),表空间:暂定为 CIMISS。表名命名参考(气象数据库存储管理命名)(QX/T 233—2014),为了便于运维和管理,表中存储某一类数据的集合,表的设计参考存储目录设计分类进行划分,一般划分在产品代码的上一层。模式资料按照模式生产系统进行分表,如 T639、EC、KBWC 等。卫星资料按照卫星标识、产品等级进行分表,如 FY2E L1 级产品、FY3A L2 级产品等。

数据表主要由主键、属性和数据 3 个部分组成,主键根据数据存储结构设定,主键顺序与业务应用场景密切相关,分布式表格系统数据表存储结构信息见表 3-20。

表 3-20　分布式表格系统数据表存储结构信息表

主键	主键一 如:产品名称	主键二 如:高度	主键三 如:日期信息	主键四 如:预报时效信息
属性	每一维度的长度、原数据大小等属性信息			
数据	对应主键下二维数据(压缩)			

分布式表格的主键列在数据获取时,主键组合次序对数据获取具有一定的影响,主键列设计时需要注意主键次序,以满足应用需求。分布式表格系统采用列式存储,呈现稀疏矩阵,空列不占用存储空间。

网格类数据、文件类数据、站点类数据和矢量类数据 4 种结构主键名称可根据实际资料情况进行对应,一般属性在结构中定义的为必备属性(表创建时必须存在),不可随意修改名称;扩展属性根据数据需要进行自定义扩充,属性名称参考 MUSIC 相关标准,详细结构设计如下。

网格类数据的主要特征为数据可解析为标准的经纬度信息,根据气象资料特点,其中数值预报、智能网格预报、模式分析/再分析、格点实况、卫星数据、雷达数据等解析为网格类数据可进行存储。业务中根据需要采用分块压缩方式存储气象数据,满足不同业务场景需求,分块数据表名在未分块表名后添加_SLICE,分块一般采用均分方法,以便于计算。

文件类数据,采用文件存储结构,直接存储文件的内容的二进制信息,不对内容进行解析转换。其中雷达产品、服务产品、卫星反演产品等可采用该结构。

站点类数据可包含单站雷达基数据、单站雷达产品数据,以及站点预报(城市预报、公路交通、指数预报)等服务产品,站点资料存储的数据类型可为二进制内容、数字也可为字符串等描述数据。

矢量类数据常见有等温线、等压线、等高线、等势线、落区图、多边形等，数据实体中存储一系列有序的坐标值。

1）网格类数据存储结构

网格类数据存储结构根据业务需求分为整块数据存储结构设计与分块数据存储结构设计两部分，设计详情见表 3-21 和表 3-22。

表 3-21　整块数据存储结构设计表

名称	中文名称	类型	说明	备注
PRODUCTCATEGORY	产品种类/要素	TEXT（主键）		
DATETIME	资料时间	TEXT（主键）	YYYYMMDDHHMMSS	
LEVEL	层次高度	INT（主键）	无时用 0 表示	
VALIDTIME	预报时效	INT（主键）	不用时用 0 表示，单位根据具体的资料的元数据确定，比如雷达可为预报时效为分钟，天气模式一般为小时，气候模式为天或月	主键
PRODUCTCENTER	加工中心（预报中心）	TEXT（主键）	如无时用字符串 0	
PRODUCTMETHOD	制作方法（预报方法）	TEXT（主键）	如无时用字符串 0 预报、实况等标识	
……	……	……	根据具体资料进行扩展	
DATA	值	BYTE[]	值精度 10 表示，存储原始数据 * 10 的 INT 值。	数据
VALUEBYTENUM	字节数	INT	1:CHAR 2:SHORT 4:INT 8:LONG	
VALUEPRECISION	值精度	INT	1/10/100/1000	
STARTLAT	开始纬度	FLOAT	格网左上角纬度值	
STARTLON	开始经度	FLOAT	格网左上角经度值	
ENDLAT	结束纬度	FLOAT	格网右下角纬度值	
EENLON	结束经度	FLOAT	格网右下角经度值	
LATSTEP	纬度间隔（分辨率）	FLOAT		约定属性
LONSTEP	经度间隔（分辨率）	FLOAT		
LONCOUNT	经度格点数	INT		
LATCOUNT	纬度格点数	INT		
DATA_ID	四级编码	TEXT	用于追溯	
IYMDHM	入库时间	TEXT	YYYYMMDDHHMMSS	
下面部分的属性为补充属性，可自行补充扩展，不做严格限制				
……				自定义属性
……				

备注：主键根据资料特征定义，约定属性在表结构中必须有，属性名称不能随意变动，自定义属性可根据资料特点进行扩展。

表 3-22　分块数据存储结构设计表

名称	中文名称	类型	说明	备注
PRODUCTCATEGORY	产品种类/要素	TEXT(主键)		
DATETIME	资料时间	TEXT(主键)	YYYYMMDDHHMMSS	
LEVEL	层次高度	INT(主键)	无时用 0 表示	
VALIDTIME	预报时效	INT(主键)	不用时用 0 表示,单位根据具体的资料的元数据确定,比如雷达可为预报时效为分钟,天气模式一般为小时,气候模式为天或月	主键
PRODUCTCENTER	加工中心(预报中心)	TEXT(主键)	如无时用字符串 0	
PRODUCTMETHOD	制作方法(预报方法)	TEXT(主键)	如无时用字符串 0 预报、实况等标识	
……	……	……	根据具体资料进行扩展	
VALUEBYTENUM	字节数	INT	1:CHAR 2:SHORT 4:INT 8:LONG	
VALUEPRECISION	值精度	INT	1,10,100,1000	
STARTLAT	开始纬度	FLOAT	格网左上角纬度值	
STARTLON	开始经度	FLOAT	格网左上角经度值	
ENDLAT	结束纬度	FLOAT	格网右下角纬度值	
EENLON	结束经度	FLOAT	格网右下角经度值	
LATSTEP	纬度间隔(分辨率)	FLOAT		约定属性
LONSTEP	经度间隔(分辨率)	FLOAT		
LATCOUNT	经向格点数	INT		
LONCOUNT	纬向格点数	INT		
DATA_ID	四级编码	TEXT	用于追溯	
IYMDHM	入库时间	TEXT	YYYYMMDDHHMMSS	
SLICELAT	经向分块(行)	INT		
SLICELON	纬向分块(列)	INT		
DATA_[0]_[0]	分块数据	BYTE[]	分块后的数据在原始数据中的开始行标 0,开始列标 0	
DATA_[0]_[COL]	分块数据	BYTE[]	分块后的数据在原始数据中的开始行标 0,开始列标 COL	数据
……				
DATA_[ROW]_[COL]	分块数据	BYTE[]	分块后的数据在原始数据中的开始行标,开始列标 DATA_[ROW]_[COL]	

续表

名称	中文名称	类型	说明	备注
下面部分的属性为补充属性,可自行补充扩展,不做严格限制				自定义属性
……				
……				

备注:主键根据资料特征定义,约定属性在表结构中必须有,属性名称不能随意变动,自定义属性可根据资料特点进行扩展。

分块数据说明:假设对网络数据切分为 100 块。其中行切 10 份,列切 10 份。纬向格点数为 261,经向格点数为 221,切分后的方格块数行为 27,列为 23,切分后的数据扩展为 100 个数据块,见表 3-23。

表 3-23　分块数据切分示例

DATA_0_0	DATA_0_1	…	DATA_0_22
DATA_1_0	DATA_1_1	…	DATA_1_22
…	…	…	…
DATA_26_0	DATA_26_1	…	DATA_26_22

备注:总共可以分为 100 个网格,除了最右侧和底部,其他的每个网格内的数据均为 27×23× 字长。

2)文件类数据存储结构设计

对于服务需要的文件数据,采用文件存储结构,数据值直接存储文件内容的二进制信息,不对内容进行解析转换。其中雷达产品、服务产品、卫星反演产品、MICAPS 填图产品等都可采用此类结构,存储结构信息见表 3-24。

表 3-24　文件类数据存储结构

名称	中文名称	类型	说明	备注
PRODUCTCATEGORY	产品种类/产品标识	TEXT(主键)		主键
DATETIME	日期	TEXT(主键)	YYYYMMDDHHMMSS	
FILE_NAME	文件名	TEXT(主键)		
……	……	……	根据具体资料进行扩展	
DATA	值	BYTE	二进制数据	数据
FORMAT	文件类型	TEXT		约定属性
FILE_SIZE	大小(字节)	LONG		
DATA_ID	四级编码	TEXT	用于追溯	
IYMDHM	入库时间	TEXT	YYYYMMDDHHMMSS	
下面部分的属性为补充属性,可根据资料类别(表名)自行补充扩展,不做严格限制				自定义属性
……				
……				

备注:主键根据资料特征定义,约定属性在表结构中必须有,属性名称不能随意变动,自定义属性可根据资料特点进行扩展。

3)站点类数据存储结构设计

站点类数据可包含单站雷达基数据、单站雷达产品数据以及站点预报(城市预报、公路交通、指数预报)等服务产品,站点资料存储的数据类型可为二进制内容、数值数据也可为字符串等描述数据,为了后续解析应用,在设计时用 DATATYPE 标记数据原值的类型。存储结构信息见表 3-25。

表 3-25　站点类数据存储结构信息表

名称	中文名称	类型	说明	备注
STATION_ID_C	站号	TEXT(主键)		主键
DATETIME	资料时间	LONG(主键)	YYYYMMDDHHMMSS	
PRODUCTCATEGORY	产品种类/服务产品	TEXT(主键)		
……	……	……	根据具体资料进行扩展	
DATA	值	BYTE[]	二进制数据	数据
DATATYPE	原值类型	INT	1:二进制类型 2:数值类型 3:字符串类型(UTF-8) 对于2,结合 VALUEBYTENUM 和 VALUEPRECISION 类型解析	约定属性
VALUEBYTENUM	字节数	INT	1:CHAR 2:SHORT 4:INT 8:LONG	
VALUEPRECISION	值精度	INT	1/10/100/1000	
LON	经度	FLOAT		
LAT	纬度	FLOAT		
ALTI	高度(台站)	FLOAT		
DATA_ID	四级编码	TEXT	用于追溯	
IYMDHM	入库时间	TEXT	YYYYMMDDHHMMSS	
下面部分的属性为补充属性,可根据资料类别(表名)自行补充扩展,不做严格限制				自定义属性
STATIONNAME	站名	TEXT		
……				

备注:主键根据资料特征定义,约定属性在表结构中必须有,属性名称不能随意变动,自定义属性可根据资料特点进行扩展。

4)矢量类数据存储结构设计

矢量类数据常见有等温线、等压线、等高线、等势线、落区图、多边形等,可采用下面的存储结构进行数据存储,数据实体中存储一系列有序的坐标值。等温线、等压线等在应用中需要每条线的排序、颜色、值和线的经纬度信息,在 DATA 字段改为以下格式:

线的二进制格式:[编号][颜色][值][[X1,Y1],…,[XN,YN]];

DATA 存储的格式:[线条 1],[线条 2],…,[线条 N]。

矢量类数据存储结构信息见表 3-26。

表 3-26　矢量类数据存储结构信息表

名称	中文名称	类型	说明	备注
PRODUCTCATEGORY	产品种类/矢量标签	TEXT(主键)		
DATETIME	资料时间	LONG(主键)	YYYYMMDDHHMMSS	
LEVEL	层次高度	INT(主键)	无时用 0 表示	
VALIDTIME	预报时效	INT(主键)	HH,无预报时效时用 0 表示(再分析、分析、实况用 0 表示)	主键
PRODUCTCENTER	加工中心(预报中心)	TEXT(主键)	如无时用字符串 0	
PRODUCTMETHOD	制作方法(预报方法)	TEXT(主键)	如无时用字符串 0 预报、实况等标识	
……	……	……	根据具体资料进行扩展	
DATA	值	BYTE[]		数据
DATA_ID	四级编码	TEXT	用于追溯	约定属性
IYMDHM	入库时间	TEXT	YYYYMMDDHHMMSS	
下面部分的属性为补充属性,可根据资料类别(表名)自行补充扩展,不做严格限制				自定义属性
……				
……				

备注:主键根据资料特征定义,约定属性在表结构中必须有,属性名称不能随意变动,自定义属性可根据资料特点进行扩展。

数据访问接口模块:数据访问接口模块实现数据访问的接口封装,包括数据库数据访问接口、文件访问接口、安全认证和请求监听功能,由于接口读写的高并发性,需要考虑接口封装的多线程特性,包括端口监听、连接的建立以及数据传输的控制能力。数据访问接口遵循气象数据统一服务接口 MUSIC 标准规范进行设计,通过符合气象标准的开放接口,并在其基础上进行定制开发,保证各业务系统与大数据平台的无缝对接,全面提升数据服务性能。

数据访问接口模块由数据库数据访问接口功能、文件访问接口功能和安全认证功能组成。

(1)数据库接口服务面向对象,为专业和非专业的数据使用人员,为专业人员提供数据库接口,为非专业人员在系统界面提供查询、导出功能。数据库数据访问功能是当系统对外提供结构化数据访问服务时,数据访问请求首先通过数据访问安全控制功能实现安全认证,然后通过统一的数据获取服务获得数据的存储位置信息以及数据结构信息,然后根据数据存储位置,访问物理存储的数据库表,通过结构信息可动态给出访问形式化参数结构,通过给定参数动态拼装查询检索和写入信息对应的结构化查询语言 SQL(Structured Query Language,简称 SQL)语句然后进行真正的数据访问,最后将数据结果以用户定义的形式化结构参数形态返回给用户。

(2)文件访问接口功能就是给外部系统提供文件类气象数据的调用服务接口,接口封装了文件的数据操作 API,对外提供统一的服务接口供外部调用。文件访问接口模块主要完成的功能包括各类气象专业化文件读取,文件写入功能。

(3)数据存储管理子系统数据库中存储着大量的数据,其中部分数据属于基础性信息,数据有很高的精度,因而在数据加工生产、传递、使用过程中均需要采取严格的安全措施。因此,在数据库的层面上,需要制定若干安全访问等级,将数据库用户分为若干等级,实现对数据和数据库用户的安全控制和管理,即实现根据各类数据不同的特性和安全需求,按照既定的策略对不同的用户提供相应级别的访问权限。对于具备数据删除、修改权限的用户要进行严格的权限控制和分配,以保证数据库中数据的安全。

3.3.2.6 数据共享服务子系统

概述:数据共享服务子系统用于实现内蒙古大数据综合应用平台底层存储数据对外提供数据服务共享能力,包括接口访问、数据下载、监控统计、用户空间管理等功能,并对与服务相关的各类字典信息进行后台维护和管理。

组成:数据共享服务子系统由面向业务应用的共享服务发布模块、面向行业用户的共享服务模块、面向"云上北疆"大数据平台的共享模块、数据审核与同步模块、用户与配置管理模块和服务监控统计模块组成,如图3-24所示。

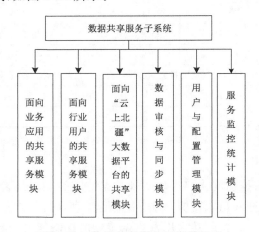

图 3-24 数据共享服务子系统组成

流程:数据共享服务子系统前端和后台的数据共享服务流程如图3-25和图3-26所示。

(1)首先通过气象数据统一服务接口MUSIC系统后台对内蒙古大数据综合应用平台存储进行数据库定义服务配置。

(2)对内蒙古新接入资料进行要素的整理、录入。

(3)如果有新加入模式信息,通过模式管理功能进行模式信息整理、录入。

(4)通过基本信息管理,对新加入的资料服务接口中的参数进行定义和描述。

(5)定义新增资料的访问接口。

(6)通过资料管理功能对新建资料进行录入和管理。

(7)基于气象数据统一服务接口MUSIC的API规范开发新增资料访问API及编写接口文档。

(8)编写或改造内蒙古数据共享服务各类文档,并在气象数据统一服务接口MUSIC后台进行维护管理。

(9)后端用户对系统运行实施监控。

(10)前端用户基于气象数据统一服务接口MUSIC前端进行资料、接口文档的查看,客户端下载。

（11）前端用户基于服务接口或 API 进行编码，实现数据的访问、下载和可视化功能。

（12）前端用户监控系统及数据访问量与统计信息。

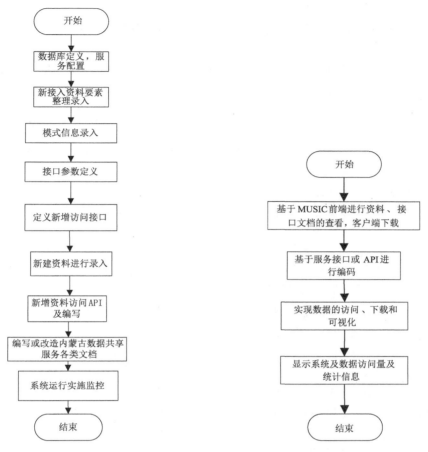

图 3-25　数据共享服务子系统后台管理流程　　　图 3-26　数据共享服务子系统前端使用流程

　　接口：数据共享服务子系统与数据存储管理子系统和业务监控子系统相互关联，如图3-27所示。

图 3-27　数据共享服务子系统接口关系

（1）与数据存储管理子系统的接口

　　数据共享服务子系统通过调用数据存储管理子系统的底层数据访问接口实现数据的获取，并通过调用存储管理子系统的写入接口实现数据的写入；共享服务子系统的资料、访问接口等配置功能需要从存储管理子系统的元数据管理中获取元数据、模式属性、数据库配置等信息。

(2)与业务监控子系统的接口

数据共享服务子系统中数据访问的日志将发送到业务监控子系统提供监控和统计能力。

系统性能指标：

数据服务接口，数据检索具有同时为 200 个用户提供并发数据检索服务的能力，接口性能需要满足表 3-27 的要求。

表 3-27　数据服务接口性能

序号	接口类型	性能指标
1	数据检索接口	数据量<10 MB 的，性能<1 s；数据量 10～50 MB 的，性能<3 s
2	文件下载接口	≥100 MB/s
3	数据统计计算接口	<1 s
4	格点解析接口	近 30 d 数据，性能<1 s 30 d 前的数据，性能<3 s
5	格点序列值提取	近 30 d 数据，性能<1 s 30 d 前的数据，性能<3 s

面向业务应用的共享服务模块：主要面向专业人员与业务系统提供数据的共享服务。主要包括数据库定义、通用接口定义、访问接口定义、气象资料管理、气象要素定义、模式信息定义、数据实体定义、流域信息定义和基本信息管理等功能。

(1)数据库定义

数据库定义功能　用于定义共享服务子系统使用的底层数据平台中数据库访问属性，主要包括数据库类型定义和数据库信息定义。数据库类型定义是指按照数据库特性（包括关系型数据库、KV 库、分析库以及各厂家的产品类型）进行分类定义。数据库信息定义是指对数据库 ID、连接信息、数据库类型、SQL 类型、文件服务地址进行信息定义。

(2)通用接口定义

通用接口定义功能　用于定义服务接口所使用的服务基类，主要包括通用接口分类定义和通用接口定义。通用接口分类定义是指对通用接口的类型，如数据获取、数据统计、数据可视化、数据写入等信息进行分类定义。通用接口定义是指对气象数据共享服务的基础通用接口进行定义。

(3)访问接口定义

访问接口定义功能　基于通用接口定义模块，定义业务级别的各类数据访问具体方法，主要包括访问接口分类定义和访问接口定义。访问接口分类定义是指对访问接口的具体分类进行定义。访问接口定义是指对气象数据共享服务的业务访问接口进行定义。

(4)气象资料管理

气象资料管理功能　用于管理数据共享服务的各类气象资料，主要功能包括气象资料分类管理和气象资料定义。气象资料分类管理是指对提供数据共享服务的气象资料进行分类定义。气象资料定义是指对气象数据共享服务的资料信息，包括资料类别、资料代码、数据来源、名称、发布状态、发布范围、四级编码、参数信息、关键字、读接口，写接口、读权限控制、写权限控制等信息的定义。

（5）气象要素定义

气象要素定义功能　用于定义气象要素信息在存储和对外服务中的编码信息，主要包括气象要素定义和标识代码定义。气象要素定义是指对气象要素信息，包括存储要素代码、用户访问服务要素代码、要素名称、单位以及是否有标识代码、标识代码等信息的定义。标识代码定义是指对标准的气象要素标识通用代码信息的定义。

（6）模式信息定义

模式信息定义功能　用于定义与数值预报相关的各类信息，主要包括：模式格式定义、用户要素定义、模式要素定义、模式属性定义。模式格式定义是指对数值预报模式结果格式的定义。用户要素定义是指对用户访问的数值预报气象要素名称、单位以及要素所具有的默认层次、层次单位等信息的定义。模式要素定义是指对所有的数值预报模式的气象要素信息字典的定义。模式属性定义是针对数值预报各种模式，定义其所具备的属性信息，如要素属性、经纬度范围属性、时效性属性等。

（7）数据实体定义

数据实体定义主要包括数据实体定义和数据表定义。数据实体定义是指对气象资料对应的数据实体，包括数据实体类型（要素表、键表要素表）、所属数据库、关联台站信息表、存储时效等信息的定义。数据表定义是指对数据库中数据表的各类信息，包括表名、描述、质量控制码、字段属性等信息的定义。

（8）流域信息定义

流域信息定义功能　用于定义流域站点信息，包括流域名称、站点编号。

（9）基本信息管理

共享服务基本信息管理功能　负责定义和维护服务所需的基本信息，如各类字典、分类信息的维护。后续模块维护过程中将使用此功能管理的信息进行数据的维护和管理。基本信息的具体内容如下：

1）接口参数分类管理：定义服务接口参数分类时，将参数按其应用属性划分，有助于理解参数的含义和取值，如雷达资料属性、台风资料属性、空间属性、时间属性等。

2）接口参数定义：将服务接口中的参数进行事前定义，进行对象化封装，从而使服务接口的维护和管理可以做到扩展和易于维护，定义内容主要包括参数类别、参数 ID、参数名称、参数类型、参数格式、参数取值示例、是否自定义等。

3）序列化格式定义：对服务接口的输入和返回信息进行序列化封装操作，形成可自描述的数据对象，从而支持服务接口可扩展和封装。目前主要包括的格式有 HTML、XML、JSON、JSONP、CSV、TEXT 等。

4）调用语言定义：服务接口和 API 支持多种语言，这里定义语言字典，主要包括 JAVA、C/C++、FORTRAN、C#、PYTHON 等。

5）检索返回码定义：用于调用返回状态编码定义，主要定义成功标记以及失败原因，将诸多错误原因进行编码。

6）接口属性定义：定义服务接口所属的类别，主要按气象要素访问特点进行划分，如：站点要素访问、格点要素场访问、产品文件、台站信息、站点要素写入、格点要素写等。

7）接口标签定义：为方便进行服务接口查询检索，对每个服务接口定义一系列标签，这里用于对标签进行字典维护。

8)接口方法定义:定义数据访问基础底层封装接口方法,如返回 RETARRAY2D 结构体或类对象,返回格点场的 RETGRIDARRAY2D 结构体或类对象。

面向行业用户的共享服务模块:该模块面向行业用户发布基础数据、业务产品、算法服务、数据可视化产品。主要功能包括基础数据及业务产品订阅检索、算法在线应用、专题数据可视化界面等。

(1)基础数据及业务产品订阅检索

提供天气、气候数据和产品的在线分析展示和数据下载功能。基础数据涵盖地面气象资料、高空气象资料、卫星资料、雷达资料、数值预报产品等多种类型,产品涵盖天气、气候、生态等决策服务、专业服务和公众服务等多种类型。

通过页面导航列出提供共享服务的数据和产品分类,提供有针对性的检索表单,包括时间范围、地理范围、站点范围、要素范围等。检索结果采用表格或 GIS 形式在线浏览,数据下载支持文本、JSON、XML、NETCDF、GRIB 等形式。

(2)数据 API 服务

数据 API 服务通过 API 接口(C/C++/JAVA/FORTRAN/C♯...)为用户提供数据产品信息的获取。用户通过 API 进行登录和识别,系统后台对用户的权限进行验证,并返回接口调用所需的 ACCESS_TOKEN。每次登录可以在固定时间内使用 ACCESS_TOKEN 进行接口调用,超时后必须要再次登录并获取 ACCESS_TOKEN。用户根据自身的需要按照时间段、空间范围、要素及其他属性信息等方式进行查询条件的组合,选择自己需要的数据和产品,返回数据格式支持站点资料、格点资料和文件资料等数据结构形式。

(3)算法在线应用

系统采用组件化方法设计,可在气象数据生产流水线上进行组装和插拔,并支持算法的模块化改进升级,用户选择需要处理的数据产品,根据算法插件标识调用算法插件在云端进行数据处理,完成应用产品的生产,实现典型算法的在线应用。支持众创,支持回归、聚类、决策树、神经网络、遗传算法等机器学习算法以及特色算法的在线应用,并支持处理后产品资料的回存,实现统一的算法服务。

(4)专题数据可视化界面

系统采用 B/S 方式,基于存储在云端的各种基础数据和产品,提供常规观测数据、数值预报数据、地理信息数据、雷达数据、卫星遥感数据等各种气象数据的综合显示,提供准专题数据可视化界面,支持叠加显示、云图动画等显示方式,支持天气符号库和天气形势图的制作等。按照用户需求以及预先设置,实现专题图的生成,提供标题、图标、图例等专题图像所需的各类元素。

面向"云上北疆"大数据云平台的共享模块:该模块面向"云上北疆"大数据云平台及自治区政务资源信息资源共享平台发布政务信息、基础数据、业务产品。主要功能包括数据共享策略定制、数据同步等功能。

(1)数据共享策略定制

根据向"云上北疆"大数据云平台共享数据的需求,定义信息同步策略,包括数据类型、同步频率、增量判断(ID、时间戳)、过滤器、映射关系等信息,提供可视化界面,支持界面选择数据源、数据分类及同步数据库表等信息。

（2）数据同步

根据共享策略，实现数据抽取后向共享对象的同步。支持可视化界面查看同步进度，支持查看同步记录，支持手动执行特定时间段的数据同步，支持同步出错后提醒。

数据审核与同步模块：数据审核与同步模块对提交数据审核的用户写入申请进行后台审核批准流程，对需要进行同步的数据进行同步配置，主要包括：

（1）接口参数同步：将本系统维护的接口参数信息进行两地同步的策略配置。

（2）气象要素同步：对本系统维护的气象要素信息进行两地同步的策略配置。

（3）气象资料同步：对本系统维护的气象资料进行两地同步的策略配置。

（4）访问接口同步：对本系统维护的访问接口信息进行两地同步的策略配置。

用户与配置管理模块：用户管理与服务配置模块定义数据共享服务的各类用户，包括单位用户、部门用户、科室用户、API 用户、WEB 用户等，并可以进行各级用户的关联。定义数据共享服务的该服务 IP、端口、台站元数据同步配置，显示与用户信息与操作相关的信息，包括：

（1）用户信息、基本资料、修改 WEB 用户密码、关联的 API 账户、申请新的 API 账户。

（2）接口调用统计、接口调用明细、接口调用统计分析、接口调用测试服务。

（3）数据写入、写入数据申请、写入数据申请清单。

（4）数据清单、接口清单。

对共享服务子系统前端展示的内容进行管理。主要包括：

（1）页面管理：对页面描述的样式和内容进行后台维护和管理，类似在线内容维护功能。

（2）菜单管理：对各级菜单进行动态维护管理。

（3）文件管理：对各类文档示例，如 API 说明、调用 DEMO、接口说明等进行后台的维护管理。

服务监控统计模块：服务监控统计模块用于对数据共享服务子系统对外服务质量情况进行在线监控，包括服务记录跟踪和异常情况描述等信息。服务监控统计模块主要包括如下功能：

（1）接口的日访问情况对比图。

（2）接口访问资料的次数分布图。

（3）接口访问情况逐时变化分析图。

（4）接口访问数据量分布图。

（5）监控信息按时间段查询。

3.3.2.7　业务监控子系统

概述：业务监控子系统建立"全流程、一体化、可视化"的业务监控系统，对接平台各业务系统，实现对气象综合业务的全流程监控和展示，对监控信息采集和运维报表的统一管理，支撑业务管理、考核及规划工作。实现业务系统运行的高效运维管理。业务监控子系统基于统一运维技术标准和管理规范构建，具备数据采集处理业务全流程监控、核心业务总体监控、基础运行环境监控模块、集中告警、报表分析、业务运行状态展示等功能。

组成：业务监控子系统由监控信息采集接入模块、监控信息存储管理服务模块、数据全流程监控模块、核心业务总体监控模块、基础运行环境监控模块、集中告警模块、报表分析模块组成，如图 3-28 所示。

流程：业务监控子系统的流程包括综合监控流程、业务控制流程、信息采集流程等方面。

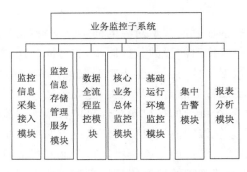

图 3-28　业务监控子系统组成

(1)综合监控流程

1)综合监控流程主要对数据全流程、核心业务系统运行、基础设施资源池、高性能计算机系统、网络及信息安全、场地环境等内容进行总体监控、分类监控、详情查询、统计分析,支持对监控界面和报表进行灵活地按需组合定制。

2)在上述环境或资源、业务出现故障或者异常时,提供告警能力,支持页面、声音、短信、微信、移动 APP 等告警通知方式,同时可以实现初步故障关联分析,进而保证系统的可靠性。

3)将上述监控和统计能力进行多维度多视角的可视化展示,主要包括区情区貌、站网资源、信息基础设施资源(含基础设施资源池、高性能计算机)、数据资源及应用、信息安全等各场景展示。

(2)业务控制流程

1)创建用户信息、用户角色。

2)根据不同用户的角色信息进行授权,可以使不同用户授权访问内蒙古气象大数据综合应用平台的不同功能,实现分权分区管理。

3)记录用户的操作行为,记录后台服务、加工处理业务的运行和网络及资源运行状况。

4)系统后台对整个业务环节进行监控,统计分析,并进行可视化综合监控前端显示。

5)对系统的数据采集情况、共享服务使用情况、加工处理过程进行前端显示。

(3)信息采集流程

1)制定各个业务环节信息采集标准,制作信息采集接口。

2)内蒙古气象大数据综合应用平台各业务过程和环节进行信息采集接口调用,发送其日志到信息采集终端或通过信息采集模块主动提取所需采集的信息。

3)部署信息采集代理,根据采集信息结果对管控的各业务环节进行指令控制,支持指令控制的工作流编排能力、元数据同步等功能。

业务监控子系统流程如图 3-29 所示。

接口:数据采集子系统为业务监控子系统提供数据采集日志信息,加工处理子系统向业务监控子系统提供服务或任务运行状态,数据共享服务子系统向业务监控子系统提供服务日志信息,业务监控子系统主动从网络与信息安全子系统中及基础支撑子系统中获取资源环境信息(图 3-30)。

业务监控子系统根据采集信息进行统计分析,向数据采集子系统、加工处理子系统及数据共享服务子系统发送控制指令。

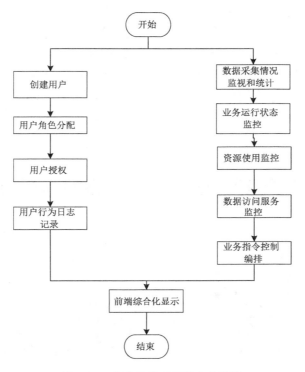

图 3-29　业务监控子系统业务流程

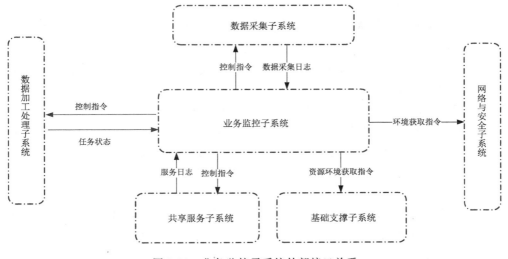

图 3-30　业务监控子系统外部接口关系

系统性能指标:

(1)业务监控信息在线显示实时响应时间小于 2 s。

(2)业务监控报表生成及结果显示时间小于 5 s。

(3)信息采集时间小于 1 s。

监控信息采集接入模块:实现内蒙古气象大数据综合应用平台各业务环节的信息采集(曾

乐 等,2021)。数据全流程基于数据采集子系统 API 接口、文件日志和数据库日志,通过日志采集代理将数据上传至监控信息采集控制接口;业务系统数据通过日志发送模块直接推送数据信息至监控信息采集模块;物理硬件资源通过安装 AGENT 代理(AGENT 代理是指计算机网络中的一个激活过程)将硬件信息发送至监控信息采集模块;虚拟化资源池通过其管理 API 对接实现数据采集;数据库、中间件以通用设计为基础,通过安装代理发送数据;网络设备通过简单网络管理协议 SNMP(Simple Network Management Protocol,简称 SNMP)接入综合业务实时监控系统;机房环境监控系统通过 API 或 Web 界面采集接入监控信息采集模块。具体设计如图 3-31 所示。

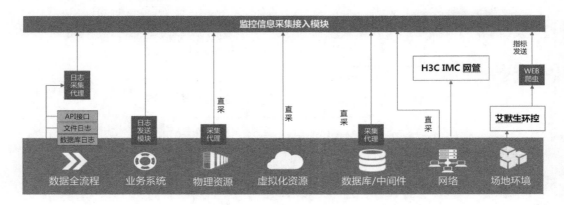

图 3-31　监控信息采集接入设计

　　监控信息存储管理服务模块:监控信息采集接入后,统一将采集数据存储在内蒙古气象大数据综合应用平台业务监控库(孙超 等,2020),监控告警平台提供标准通用的接口标准规范,通过统一的接口规范实现告警、日志、性能指标、设备信息等监控信息的统一收集;依托各管理子系统、面向气象业务管理需要和科研需要,通过服务接口提供统一、标准、规范、丰富的数据访问服务和应用编程接口。

　　第三方系统可通过接口对气象资料监控信息进行实时获取、使用,实现共享服务。

　　数据全流程监控模块:可监控地面、高空、辐射、农气、卫星、雷达、数值预报、大气成分、气象服务产品等 9 大类中核心气象数据的全流程业务,包括数据最新的时次、采集、收集、分发、处理入库、数据访问时效等状态。支持按照资料类型查询检索指定资料的数据全流程状态信息。

　　核心业务总体监控模块:可集中监控包括数据采集子系统、数据加工处理子系统、数据存储管理子系统及其他业务系统在内的各系统资料的完整性、服务可用性和基础资源。集中展示各类产品处理状态、关键进程执行状态等信息。

　　(1)数据采集监控

　　数据采集监控包括消息中间件运行监控(运行状态、队列、连接、转发)、数据流传输监控、日志网关队列监控、数据积压量、消息传输率以及 CPU、内存、磁盘空间、网络流量、进程状态等。

　　(2)数据加工处理监控

　　数据加工处理监控主要监控 CPU 使用情况、内存使用情况以及进程状态,同时对各个 IP

的 CPU 使用率、内存使用率、磁盘空间、网络流量等基础资源进行实时监控。

（3）数据存储管理监控

存储管理监控主要监控数据库的连接状态、连接时间、事务耗时以及 CPU、内存、磁盘空间、网络流量等基础资源。

（4）数据服务监控

数据服务监控主要监控各类数据接口访问资料次数分布、接口访问数据量分布、接口访问情况逐分钟变化分析，CPU 使用情况、内存使用情况以及进程状态，同时对各个 IP 的 CPU 使用率、内存使用率、磁盘空间、网络流量等基础资源进行实时监控。

基础运行环境监控模块：主要实现对机房场地环境的监控，实现自定义所要展示的信息、图标、视图等，页面可以自由设置、扩展展现方式（如仪表、饼图、曲线等），支持多机房管理，实时展示机房环境的各种关键指标，如：温湿度、门禁状态、空调状态、能耗监测、UPS 可用率等。

（1）UPS 监控

主要监控供电系统的 A、B、C 相位的输入输出电压、输入电流、输入频率、负载率、旁路电压、旁路电流、电池剩余时间、电池电压、电池电流等信息。

（2）列头柜供电单元

主要监控供电系统的 A、B、C 相位的电压、电流、频率、功率因数等信息。

（3）空调

主要监控部署于机房的空调设备运行状态、报警状态、设置温度等信息。

（4）温湿度

主要监控部署于机房各位置的温度、湿度设备的信息等。

（5）漏水

主要监控部署于机房各位置的漏水检测设备的运行状态、告警等信息。

集中告警模块：主要可集中展示包括基础资源池、数据采集子系统、数据加工处理子系统、数据存储管理子系统及其他业务系统在内的告警信息，可按时间段展示未接手告警、处理中告警、已解决告警、未关闭告警四类告警信息，告警级别分为紧急告警、错误告警、警告、恢复、正常 5 类，支持引入新的监控源后的新增磁贴操作，支持列表、时间线展示，并可对相关的关联规则进行增删改查操作。

（1）告警列表

告警列表可集中展示报警对象、告警名称、负责人、告警来源、告警描述、告警次数、持续时间、首次发生时间等告警信息，并支持报警信息列定制并按照固定的分组进行展示。支持告警抑制、告警分享、告警通知等操作。

（2）告警时间线

告警时间线可按照时间进度线集中展示各类告警信息，支持按照对象、级别、来源、IP、状态等分组信息，支持告警信息接收、转派、合并、备注添加等操作。

（3）关联规则

关联规则配置支持各类关联规则的创建、编辑和删除操作，关联规则分为通知提醒规则、联动处理规则和高级关联规则三大类。可列表显示规则名称、规则描述、创建人、创建时间、修改时间、是否开启等信息。

报表分析模块：可根据时间条件实时生成设备的 CPU 使用率、设备内存使用率、设备磁盘使用率、应用监控数量统计等报表信息。支持按照时间段、开始结束时间、主机名称、IP地址、汇聚粒度等查询条件进行检索。支持 PDF、WORD、EXCEL、IMAGE 格式报表输出。

（1）设备 CPU 使用率报表分析

设备 CPU 使用率报表分析支持按照时间段、开始结束时间、主机名称、IP 地址、汇聚粒度等查询条件进行检索固定设备的 CPU 使用率信息，主要包括平均值、最大值、最小值等结果统计，支持报表 PDF、WORD、EXCEL、IMAGE 格式输出。

（2）设备内存使用率报表分析

设备内存使用率报表分析支持按照时间段、开始结束时间、主机名称、IP 地址、汇聚粒度等查询条件进行检索固定设备的内存使用率信息，主要包括平均值、最大值、最小值等结果统计，支持报表 PDF、WORD、EXCEL、IMAGE 格式输出。

（3）设备磁盘使用率报表分析

设备磁盘使用率报表分析支持按照时间段、开始结束时间、主机名称、IP 地址、汇聚粒度等查询条件进行检索固定设备的磁盘使用率信息，主要包括平均值、最大值、最小值等结果统计，支持报表 PDF、WORD、EXCEL、IMAGE 格式输出。

（4）应用监控数量统计

应用监控数量统计功能为统计各类应用的数量信息，支持报表 PDF、WORD、EXCEL、IMAGE 格式输出。

3.3.2.8 　数据展示子系统

概述：数据展示子系统利用大数据和 WEBGIS 技术，整合各类气象数据，基于地理信息，以填充图、等值线、站点填图、栅格图像等方式实现气象信息的查询显示以及多源数据叠加综合展示（陈京华 等，2020）。通过综合应用各种气象要素数据和产品，实现站点资料、格点资料、栅格资料等信息的一张网融合展示，新的数据接入后可根据数据格式及内容进行灵活地配置和扩展。打造内部统一、开放的数据和产品服务平台，实现大数据平台管理的数据和产品的分析展示。

组成：气象数据展示子系统由站点资料展示模块、格点资料展示模块、栅格资料展示模块、专题图片展示模块、气象信息标绘模块、综合显示控制模块和业务信息大屏展示模块组成，其组成如图 3-32 所示。

系统流程：数据展示子系统为业务数据产品显示类系统，业务流程为数据加载显示过程。从气象大数据云平台中读取地面、高空等气象观、探测资料，水利、环保等行业数据，气象预报产品，卫星、雷达数据等，对数据进行预处理、时空匹配和归一化处理、生成基于统一地理信息的点、线、面矢量图形产品，按照气象规范生成等值线、等值面、填色图、风羽图，并实现多图形的叠加显示。包括数据读取和预处理、数据时空匹配、标准专题产品生成、专题产品展示。

数据展示子系统输出产品主要是服务于界面显示和人机交互分析（图 3-33）。

接口：

（1）与数据存储管理子系统的接口

数据存储管理子系统为数据展示子系统提供数据和产品，从气象业务数据库、个例数据库中读取数据。

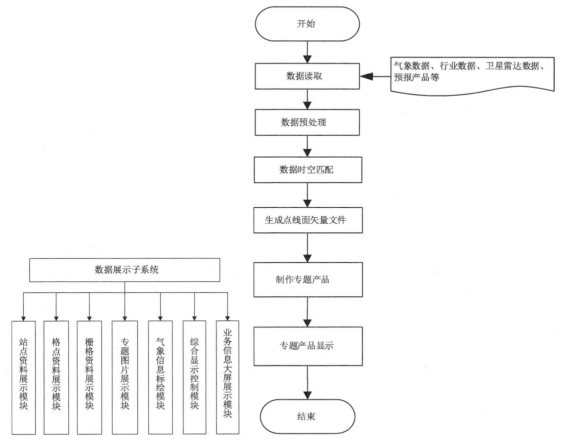

图 3-32 数据展示子系统组成

图 3-33 数据展示子系统业务流程

（2）与数据加工处理子系统的接口

数据加工处理子系统为数据展示子系统提供数据加工流水线相关算法和业务调度流程编排，加工流水线相关算法主要包括数据解析、质量控制、数据融合、客观分析等；调用加工流水线的计算框架和业务调度，包括流计算、分布式计算、容器计算、普通计算等。产品加工流水线支持加工处理任务的配置和统一调度，实现多种调度模式，包括时间驱动（定时、实时）和事件驱动（顺序执行、异常处理、人工交互）（图 3-34）。

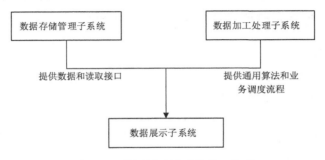

图 3-34 数据展示子系统接口关系

系统性能指标：

(1)地面实况资料单要素场分析显示响应时间≤1 s。

(2)地面实况资料统计查询显示响应时间≤2 s。

(3)预报产品分析显示响应时间≤1 s。

(4)卫星云图、天气雷达分析显示响应时间≤2 s。

(5)卫星云图、天气雷达图等图形图像动画连续流畅、无延滞。

(6)多要素产品叠加显示时间≤2 s。

站点资料展示模块：主要实现以地面气象观测资料、高空气象观测资料、城镇天气预报资料等为代表的各类站点类资料的分析展示。支持站点位置标注、站点详细信息展现、单要素变化趋势图表显示和专题图绘制等功能。

(1)站点资料标注显示

能够基于地理信息系统，依据站点类型、资料时间等查询条件，在地图窗口中实现站点符号定位显示。并能够根据鼠标站点选择实现指定站点详细信息的查询显示以及单个气象要素在指定时间段内变化趋势的图表展示，同时支持依据站名、站号等信息的站点位置动态选择。

(2)专题图分析绘制

能够按照气象行业规范，基于地理信息系统实现降水量图、极端温度图、台风路径图、地面要素填图、高空要素填图、天气预报图等专题图的分析绘制。支持等值线、色斑图等表现形式。

格点资料展示模块：主要实现以欧洲粗网格、欧洲细网格、欧洲集合预报产品、日本、美国、中国气象局智能网格等数值预报产品为代表的各类格点类资料的分析展示。支持单要素分析显示和多要素综合叠加显示等功能。

(1)单要素分析显示

能够根据用户选择的资料类型，并依据设置的资料起报时间、预报时效、预报要素等控制信息，实现指定资料、指定预报要素的实时分析显示。支持预报要素切换、前后预报时次滚动切换、预报层次选择功能，并能够实现格点数据标绘、等值线分析和色斑图展示。

(2)多要素综合叠加显示

根据用户使用需求，为用户提供多要素叠加配置功能，实现包括要显示的资料类型、要叠加的预报要素及层次、数据显示风格(含格点数据、等值线、色斑图)等信息。依据用户配置信息，以列表方式实现多要素综合叠加显示控制，根据用户选择实现指定多预报要素的叠加分析显示，并支持前后预报时次滚动切换功能。

栅格资料展示模块：主要实现以 FY-2 卫星云图、FY-4 卫星云图、葵花 8 卫星云图、雷达站点基数据等为代表的各类栅格资料的分析展示。支持图像展现、图像处理、图像动画等功能。

(1)卫星资料分析展示

根据资料类型选择和依据用户设置，实现指定数据类型、通道、时间对应卫星云图的分析展示。支持资料区域选择、云图色彩渲染、透明度设置，支持云图灰度变换和图像增强处理、云图前后时次切换、云图动画播放、云图动画 GIF 格式文件导出等功能。并能够实现一类云图资料不同时次多幅云图的同屏显示和多类云图资料同一时次多幅云图的同屏显示。

(2)雷达资料分析展示

主要能够实现单站雷达图和多站雷达拼图基于地理信息系统的分析显示功能。单站雷达图能够根据设置实现指定站点、数据类型、时间对应雷达资料的分析显示，支持雷达基数据和 PUP 产品的显示，支持图像前后时次切换、图像渲染、色标绘制和图像动画，并能够显示雷达站点的相关信息。多站雷达拼图能够根据设置实现指定区域、数据类型、时间对应雷达资料的分析显示，支持图像前后时次切换、图像渲染、色标绘制和图像动画。

专题图片资料展示模块：主要实现以图片形式存储的各类气象数据产品的查询展示，支持 PNG、JPEG、GIF、TIFF 等图片格式。

能够按照资料类型，分模块实现各类气象数据产品图片的显示控制，并根据用户设置实现指定图片文件的单幅显示，同时支持连续时间序列图片文件的动画播放以及图片导出。

气象信息标绘模块：主要为气象预报保障产品制作和专题图分析提供工具支撑，满足用户开展气象保障业务的应用需要。

通过使用模块提供的气象符号标绘工具箱，用户可根据需要选择标绘符号，在地理信息系统上实现锋面、高压中心、台风、降水区、大风区、雷暴区、大雾区、各类天气现象等标绘，支持标绘符号手动编辑、移动、删除等操作，并能够将编辑好的专题图以图像方式进行保存。

综合显示控制模块：是数据展示子系统的核心控制模块，主要基于地理信息系统实现在地理信息平台上各类气象数据展现的显示控制。

能够实现地图的放缩和漫游，支持常用地图区域设置和地图显示区域自动恢复，并能够实现指定矩形窗口内图像数据文件的保存。

能够对显示的地图进行图层配置。在地图图层显示控制窗口内能够根据用户选择设置，实现指定图层的显示控制和图层上下顺序的显示控制。

具有资料图层的显示控制功能。能够在资料图层显示控制窗口内显示已加载显示的资料图层，并能够对指定图层进行显示、隐藏、删除操作。同时能够支持图层上下显示顺序的移动和所有图层的清屏操作。

业务信息大屏展示模块：通过不同的维度和业务视角，灵活、按需对内蒙古气象大数据综合应用平台的监控信息进行综合展示。

（1）大屏定制

提供图形化界面搭建数据可视化应用，提供丰富的图表组件，支持多种数据源，支持多场景管理，支持多分辨率屏幕（包括拼接大屏）适配。

图表组件支持常规曲线图、柱状图、面积图、拓扑图等图表并支持多坐标轴、多图形结合，支持地理轨迹、地理飞线、热力分布、地域区块、3D 地图、3D 地球，实现地理数据的多层叠加，支持主流图表组件库的封装和集成。

数据源支持能够接入关系型数据库、MICAPS4、CASSANDRA 等，支持本地 CSV 上传、在线 API（包括 MUSIC API）接入及动态请求。

场景管理支持多个演示场景切换，按照展示观赏对象进行分组，支持画布尺寸管理。

（2）专题图制作

实现区情区貌、站网资源、信息基础设施资源（含基础设施资源池、高性能计算机）、数据资源及应用、信息安全等各场景展示，具体展示内容如表 3-28 所示。

表 3-28　专题图展示内容明细

页面	展示信息
总页面	开场三维动画聚焦内蒙古自治区,显示自治区地形、气候特征等信息
站网资源	包括地面、高空、海洋、辐射、农气与生态、大气成分、雷达等 9 大类 25 小类资料的观测站网分布情况,空间范围覆盖天基、地基、空基立体观测体系
基础设施资源	基础设施资源池及高性能计算机系统资源能力年度变化、支撑业务数量、资源量及利用率、资源总量、资源使用业务单位、资源利用业务系统等信息
数据资源之"数据加工流水线"	通过该业务场景主要展示数据处理全流程的关键节点与信息,展示内容包括数据来源、网络传输、数据加工处理、数据分发与共享
数据资源之"实况数据展示"	基于地理信息系统展示观测实况、预报预警等信息
数据资源之"历史气候数据"	全区各地气候特征文字概述、气候极值、气象要素曲线、风玫瑰图等
数据应用之"天气预报"	天气预报相关业务、数据和产品的展示
数据应用之"人工影响天气"	人工影响天气相关业务、数据和产品的展示
数据应用之"生态与农业气象"	生态与农业气象相关业务、数据和产品的展示
数据应用之"气象服务"	公共、行业气象服务相关业务、数据和产品的展示
网络安全监控	监控宽带网连接情况,互联网连接情况,办公网连接情况以及网络信息安全威胁统计
场地环境监控	监控并展示供配电系统、冷机群控系统、机房实时图像、空调系统、机房环境系统等信息

3.4　高性能计算机系统

3.4.1　系统概述及组成

高性能计算机系统是内蒙古气象大数据综合应用平台项目的核心建设内容之一。根据业务发展的需求,通过配套制冷、配电环境改造,扩容高性能计算机、存储设备、网络设备,提升系统的并行计算、存储、网络及相关管理运维能力,有效支撑全区数值模式运行、实时检验、解释应用和试验测试(赵立成 等,2016)。

高性能计算机系统主要由软硬件支撑系统、机房配套环境系统两部分组成。其中软硬件支撑系统包含主机系统、存储系统、网络系统、系统软件等内容;机房配套环境系统主要对制冷、配电等环境进行改造。高性能计算平台采用集群架构,从下到上可分为 5 个层次(图3-35),分别为:

基础设施层:包含机房、机柜、空调、配电、UPS 等,为相关软硬件设施提供稳定可靠、绿色节能的运行环境。

硬件资源层:包含全部的计算、存储、网络等硬件设施,是最重要的资源提供者。

系统软件层:包含操作系统,编译器、MPI 等并行开发工具,对底层硬件资源抽象,并为上层应用软件提供开发运行环境和访问接口。

管理软件层:包含集群管理、监控、调度等管理软件,对底层硬件资源进行统一的管理和调度,提高系统使用和维护效率。

应用软件层：包含各个领域的应用软件，采用并行计算技术编写，可以充分利用高性能计算机的强劲计算能力。

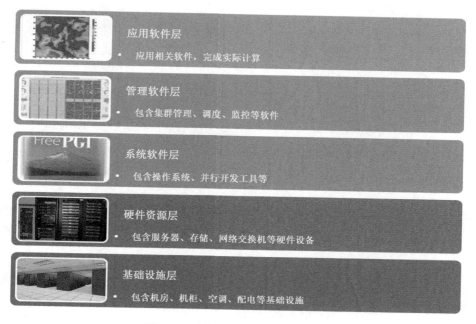

图 3-35　高性能计算平台层次架构

如图 3-36 所示，高性能计算平台系统提供硬件资源层，系统软件层，管理软件层的设计。基础设施层由适合高性能计算平台运行的机房环境完成，应用软件层由数值预报模式应用系统完成。

3.4.2　专用软硬件支撑系统

3.4.2.1　主机系统设计

主机系统包含两种规格的服务器，即刀片式 X86 服务器和机架式 X86 服务器。

刀片式 X86 服务器：提供高性能计算资源服务能力，负责模式作业的运行，支撑实际的数据运算。

根据高性能计算机系统处理量分析，选取刀片式 X86 服务器峰值计算能力为 170 TFLOPS，其中数值预报所需计算资源为 113.2 TFLOPS，内蒙古区域混合资料同化预报系统计算资源为 30 TFLOPS，科研测试计算资源为 27 TFLOPS。

服务器详细的设备参数指标如下：

（1）CPU 类型：2 路 14 核 INTEL GOLD 6132 处理器，2.6 GHZ 主频；

（2）内存：12 块 16 GB 2666 MHz DDR4 ECC 内存；

（3）硬盘：2 块 300 GB 2.5 吋 SAS 热插拔硬盘；

（4）网络：2 个千兆以太网接口；

（5）1 个 100 GB EDR INFINIBAND 接口。

单台刀片式服务器理论峰值计算能力计算方法：

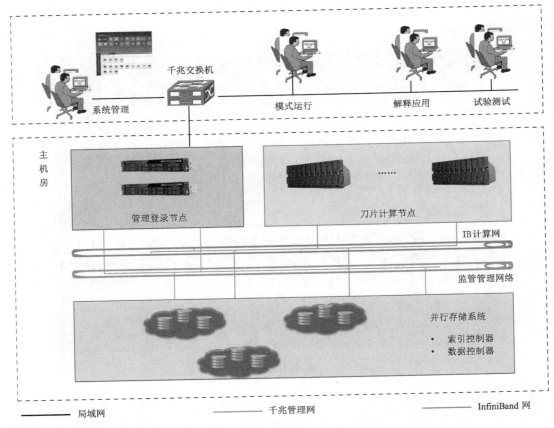

图 3-36　总体架构

$$I = 节点 CPU 颗数 \times 每 CPU 核心数 \times 主频 \times 每时钟周期浮点运算数$$

其中,I 代表理论峰值,刀片式服务器每节点 CPU 颗数 2,每 CPU 核心数 14 核,CPU 主频 2.6 GHz,每时钟周期浮点运算数 32。根据上述公式,单台刀片式服务器理论峰值计算能力为:

$$I = 2 \times 14 \times 2.6 \times 32 = 2.3 \ (\text{TFLOPS})$$

因此,达到 170 TFLOPS 的理论峰值运算能力需要配备刀片式服务器数量为 74 台(170 ÷2.3＝74)。计算节点均采用刀片式 X86 服务器,搭配相应的刀片机箱。刀片机箱采用模块化设计,实现了高性能、高密度、可伸缩、按需配置、方案灵活的产品要求。刀片机箱配满带线性预补偿功能的智能冗余风扇,以及有负载均衡和故障切换功能的热插拔交流电源,配合节能软件,最大程度上实现绿色节能的效果。提供支持远程管理的刀片平台管理模块,可轻松实现对系统的全面掌控。

刀片机箱设备参数指标如下:

(1)高性能一体化机箱模块,每机箱最大配备 8 台刀片式服务器;

(2)配置 1 个管理模块,集成远程 KVM 和远程虚拟媒体;

(3)1 个千兆网络交换模块,提供 6 个 RJ45 千兆接口;

(4)冗余电源及风扇模块。

因此,74 台刀片式服务器至少需采购 10 台刀片机箱。

机架式 X86 服务器:机架式 X86 服务器用作高性能计算集群登录节点和管理节点,采用相同的设备参数,互为备份。

管理节点主要用于运行集群监控管理软件、用户信息管理服务、INFINIBAND 子网管理服务、作业调度服务、时间同步服务等集群系统服务。这些关键系统服务均配置为互备冗余模式,保障整个集群系统的高可用性。管理节点硬件本身也配置有冗余电源、本地硬盘 RAID 保护等可靠性保障措施。管理节点服务器详细的设备参数指标如下:

(1)服务器结构:2U 企业级机架式 X86 服务器;

(2)CPU 类型:2 路 14 核 INTEL GOLD 6132 处理器,2.6 GHZ 主频;

(3)内存:12 块 16 GB 2666 MHz DDR4 ECC 内存;

(4)硬盘:2 块 300 GB 2.5 寸 10000 转 SAS 硬盘;

(5)网络:2 个千兆以太网接口,2 个万兆以太网 SFP＋接口(含 2 个 SFP＋光模块),1 块 100 GB EDR IB 卡;

(6)电源:冗余电源。

因此,配备 2 台管理节点,通过配置为互备冗余模式,保障整个高性能计算机集群系统的管理服务高可用性。

登录节点主要用于用户程序编译、算例准备,文件上传下载,作业提交控制等用户交互操作。登录节点 CPU 与计算节点架构相同,保障用户编译程序的执行效率,并配置有 CPU、MIC 等开发环境,方便用户进行相关程序的开发调试。登录节点采用千兆直接接入集群管理网络,通过负载均衡实现用户接入的动态负载均衡和高可用。登录节点服务器详细的设备参数指标如下:

(1)服务器结构:2U 企业级机架式 X86 服务器;

(2)CPU 类型:2 路 14 核 INTEL GOLD 6132 处理器,2.6 GHZ 主频;

(3)内存:12 块 16 GB 2666 MHz DDR4 ECC 内存;

(4)硬盘:2 块 300 GB 2.5 吋 10000 转 SAS 硬盘;

(5)网络:2 个千兆以太网接口,2 个万兆以太网 SFP＋接口(含 2 个 SFP＋光模块),1 块 100 GB EDR IB 卡;

(6)电源:冗余电源。

因此,配备 2 台登录节点,通过配置负载均衡,实现用户接入的动态负载平衡和高可用。

3.4.2.2　存储系统设计

存储系统负责高性能计算集群的数据存储,为并行计算程序提供数据输入和输出空间。选取分布式并行存储系统作为集群共享存储空间,分布式并行存储系统,采用多副本、N＋M 纠删码等数据保护技术、全冗余设计,支持单一存储命名空间、支持容量海量扩展,性能线性扩展,能够满足高性能计算海量文件并发读写需求(图 3-37)。

元数据存储设计:采用元数据和数据分离的非对称式结构,元数据和数据分离有助于提升存储系统的性能和扩展性。

元数据存储采用多活冗余集群架构,并配置 RAID6 保护的 SSD 高速磁盘以提高元数据的访问性能。元数据控制器配置 2 台,同时支持更多的元数据控制器扩展组成元数据集群,每台元数据控制器均为 ACTIVE 在线状态,正常工作时负载均衡并行文件系统客户端的元数据

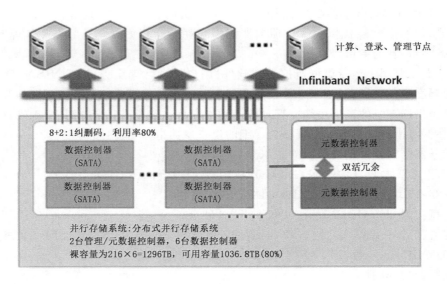

图 3-37　存储系统设计架构

访问请求,一台元数据控制器出现故障时,其他元数据控制器分担其工作负载,接管时间非常短,且为在线切换,不中断正在进行的 IO 请求,不影响并行文件系统的业务运行。元数据控制节点服务器详细的设备参数指标如下:

(1)处理器:2 路 E5-2620V4 高性能 64 位处理器;

(2)网络:2 个千兆管理网络接口,2 个千兆高可用心跳网络接口,数据网络支持 10 GB/56 GB IB/100 GB IB/100 GB OPA,1 个 100 GB EDR IB 卡;

(3)内存:4 块 16 GB DDR4;

(4)硬盘:4 块 300 GB 2.5 吋 SAS 硬盘,4 块 240 GB 2.5 吋 SSD 硬盘;

(5)RAID 卡:RAID6 模式保护的高速 Flash 元数据存储空间;

(6)电源:1+1 冗余。

对象数据存储设计:采用 N+M:B 纠删码数据保护技术,既能实现数据的高可用保护,又能提高存储系统的利用率。N+M:B,N 代表数据对象个数或数据分布磁盘数量,M 代表校验对象个数或容忍故障的磁盘数量,B 代表容忍故障的节点数量(图 3-38)。

采用 8+2:1 的保护策略,即 8 个数据对象匹配 2 个校验对象,可以容忍 2 块硬盘同时失效而不至于数据丢失或 1 台数据控制器失效而不至于数据丢失。在这种配置下,存储系统空间利用率可达到 80%。实际上存储系统 2 块硬盘"同时"失效的概率非常低,因当 1 块硬盘失效后,系统会在很短时间内在其他硬盘上自动完成数据重建,重建完成后,存储系统又可以容忍 2 块硬盘同时失效。数据修复过程完全无人值守。用户只用定期更换故障硬盘即可,更换新硬盘后,存储系统会自动进行底层数据迁移,平衡容量。

根据高性能计算机系统存储量分析,建设过程中选取 6 台数据控制器节点,单节点裸容量为 216 TB,按照 8+2:1 保护策略 80% 空间利用率计算,集群可用存储空间约 1036 TB,满足 1 PB 可用存储空间信息量的分析要求。

协议支持:集群计算刀片节点、管理节点、登录节点等作为存储节点的客户端,通过私有协议(内核态)和 INFINIBAND 网络访问并行文件系统,可同时支持 LINUX 和 WINDOWS 客

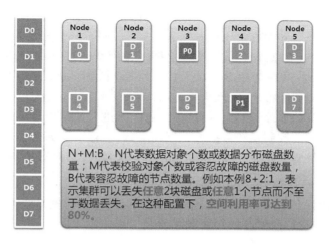

图 3-38　N＋M：B 纠删码数据保护

户端。

　　除了私有协议,存储系统还支持标准的 NFS、CIFS 接口,POSIX API、MAPREDUCE 编程接口,REST 编程接口,SOAP 编程接口,SNMP 接口,具有广泛的适应性。集群系统外的其他设备,只要以太网络能访问集群系统,无需 INFINIBAND 就可支持通过 NFS 或 CIFS 挂载存储系统,方便数据操作。

　　访问控制:全局存储系统提供对存储客户端和用户的精细化管理与控制,支持用户和用户组的 QUOTA 配额管理,提供对用户/用户组以及客户端的授权管理。针对某些特定行业,还可配置 WORM(Write Once Read Many)功能,防止恶意篡改数据。

　　扩展性:全局存储系统具有极佳的扩展性,支持在线扩容,且不影响业务系统使用。增加数据控制器后,数据对象自动实现负载均衡的迁移分布(图 3-39),使得整个存储系统实现容量和性能的线性增长。

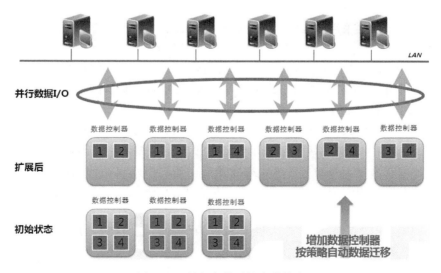

图 3-39　并行存储系统在线扩容

监控管理:并行存储系统具备简易的部署和运维管理功能,提供基于 Web 的统一监控管理平台。直观易懂的图形界面方便用户管理和监控系统的软硬件资源。主要管理功能包括:

(1)监控系统:网络、节点磁盘(故障磁盘能够定位到物理位置,节点硬件前面板上也会有指示灯显示)、内存、元数据控制器 RAID 卡状态监控,节点服务状态监控,系统故障告警(界面、邮件、短信等方式),运维报表,管理事件记录。

(2)系统管理:系统的启停、卸载、升级、异常情况下进行强制启动。客户端授权、挂载及状态管理,管理控制器、索引控制器和数据控制器的增删、启停以及更换。

(3)高级管理:配额管理,文件系统创建、删除、配置,在线参数配置,阈值管理,资源配置。

3.4.2.3 网络系统设计

网络系统包括计算存储网络、监控和管理网络,实现计算处理系统内部、计算处理系统与分布式并行存储系统、集群内部与外部互联互通。

计算存储网络:以 MPI 程序为代表的高性能计算程序,在多节点并行运行时有频繁的大量的网络数据通信,因此,计算网络的性能对并行程序的计算性能、并行加速比以及可扩展性有重要影响。

一方面,如果并行计算程序的数据通信以小数据包为主,且数据交换非常频繁,这一类并行程序对计算网络的延迟性能非常敏感,计算网络的延迟越低,程序的并行性能越好;如果并行计算程序数据通信大数据包较多,则对计算网络的带宽性能敏感,计算网络的带宽越高,程序的并行性能越好。实际情况中,大部分并行应用程序对计算网络的带宽和延迟性能都非常依赖,低延迟、高带宽的计算网络是大规模并行计算必不可少的要素。

另一方面,目前大规模高性能计算集群均采用分布式并行存储架构,集群的规模越大或者应用程序对存储 I/O 性能要求越高,则对并行存储系统的存储网络性能要求越高,要求存储网络具有低延迟、高带宽的特性。

100 GB/s EDR 是当前最高带宽、最低延迟的 INFINIBAND 产品,网络带宽是 FDR 的 1.78 倍,延迟只有 0.61 μs,比 FDR 延迟低 1/7。更高带宽、更低延迟的 EDR 能进一步提高网络密集型应用程序的并行效率。

因此,计算存储网络采用高性能的 100 GB/s EDR 高速网络(图 3-40)用作并行计算程序的计算网络以及并行存储系统的存储网络。在建设过程中,主要考虑本地业务需求,同时兼顾新增集群与原有集群的网络互通,以便对资源进行统一管理、使用和数据共享。

监控、管理网络:监控和管理网络采用标准以太网络组网,集群配置 2 台千兆网络交换机,1 台用于管理网络,另 1 台用于集群监控网络(图 3-41)。

(1)管理网络:本套高性能计算机规模较大,节点数量较多,对管理网络的性能要求较高,因此,配置 1 台 48 端口千兆交换机作为管理交换机。刀片机箱通过千兆交换模块上联端口接入交换机,其余设备通过千兆端口接入千兆交换机。通过刀片机箱的交换模块上联可以有效简化布线,降低网络运维管理难度。另外,原有集群监控网络也可以通过千兆交换机互联,实现网络管理的统一。

(2)监控网络:配置 1 台 48 口千兆交换机作为集群监控网络;刀片机箱管理模块管理网口,其余设备 IPMI 监控网口接入监控交换机。

不管是管理网络或是监控网络,都是对管理模块进行管理和监控,因此,2 台 48 口千兆网络交换机,每台既作为管理交换机又作为监控交换机,两台互为备份。

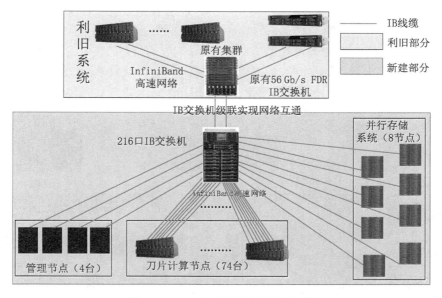

图 3-40　100 GB 高速网络整合拓扑

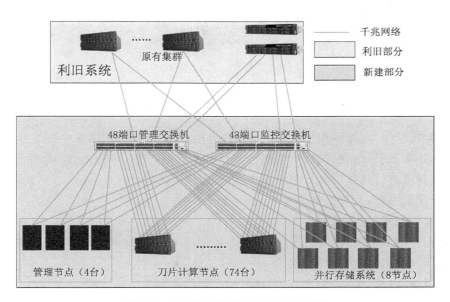

图 3-41　系统管理网络和监控网络拓扑

3.4.2.4　系统软件设计

系统软件包括资源运维管理系统、配置管理运维工具、高性能数学库及编译器、数值预报业务系统调试及运维管理平台。

资源运维管理系统：包括对集群节点、并行存储系统、机房基础设施的统一监控管理；提供功能强大的作业调度系统功能（图 3-42）。在建设过程中，对新增设备及原有高性能计算集群环境进行统一的集群管理、调度管理，且集群管理增值组件、作业调度增值组件升级为最新版本；支持串行、OPENMP 和 MPI 并行作业的 Web 提交，支持互动作业，作业故障自动切换重启,文件传输,查看修改文件等操作;提供 API 接口,能够获取系统资源总体情况、系统实时运行状态、用户资源使用效率等信息。

　　集群管理系统为用户和管理员提供简单易用、界面友好、统一集中式的集群监控、管理和使用平台。提供系统部署、系统监控、集群管理、告警管理、统计报表、作业调度等功能。提供各种商用、自己研发的管理工具的集成接口。

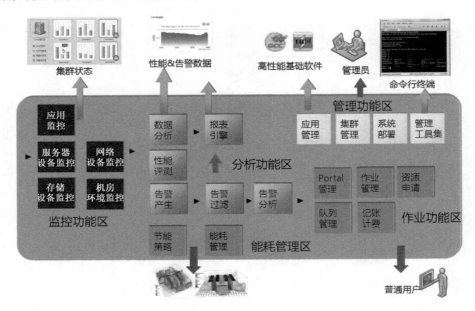

图 3-42　资源运维管理系统功能层次

　　配置管理运维工具:提供基于命令行的集群环境配置工具软件,实现一键配置所有节点的 SSH 无密码访问、RSH 无密码访问、网络连通检测、IPMI 配置、NFS 配置、添加及删除用户、同步文件,实现所有节点并行执行命令等功能,方便集群运维管理。

　　(1)集群配置操作,用于集群配置

　　1)检查集群网络是否连通。

　　2)设置用户的 SSH 无密码访问。

　　3)设置用户的 RSH 无密码访问。

　　4)设置服务,自动 SELINUX,SENDEMAIL 等服务。

　　5)设置 NFS 服务。

　　6)同步用户信息。

　　7)同步系统时间。

　　(2)集群管理操作,用于配置完成后的集群管理维护

　　1)添加、删除集群用户。

　　2)同步文件。

　　3)节点执行相同的命令。

　　(3)IPMI 操作,使用 IPMI 相关功能控制集群

　　1)设置 IPMI 地址。

2）显示 IPMI 信息。

3）IPMI 开机和关机。

高性能数学库及编译器：所有计算节点安装 GNU、INTEL 等编译环境，性能分析工具，BLAS、LAPACK、FFTW、INTEL MKL 等常用数学函数库，OPENMP 及 MPI 并行开发环境，GPU 开发环境，以及其他相关的 HPC 开发运行环境。

（1）BLAS

基本线性代数库 BLAS 库（Basic Linear Algebra Subroutines，BLAS），提供最基本的线性代数函数接口。BLAS 分为三级：BLAS 1（LEVEL 1）向量与向量操作、BLAS 2（LEVEL 2）矩阵与向量操作、BLAS 3（LEVEL 3）矩阵与矩阵操作。

（2）GOTO 和 ATLAS

GOTO 和 ATLAS 都是针对特定平台性能调优的高性能 BLAS 库。

GOTO 库是目前性能最优的 BLAS 库，支持 OPTERON、XEON、ITANIUM、POWER、ALPHA 等平台。

ATLAS 库是自动优化线性代数库，它给用户提供源代码，通过编译自动性能调优。AT-LAS 库包括全部 BLAS 函数和一部分 LAPACK 函数，提供 C 和 FORTRAN 77 语言函数接口。

（3）LAPACK

线性代数计算子程序包 LAPACK（Linear Algebra Package，LAPACK），它是建立在 BLAS 1、BLAS 2 和 BLAS 3 基础之上，使用 FORTRAN 77 语言开发，使用了线性代数中最新、最精确的算法，同时采用了将大型矩阵分解成小块矩阵的方法从而可以有效地使用存储空间。

（4）SCALAPACK

可扩展线性代数库 SCALAPACK（Scalable Lapack，SCALAPACK），是 LAPACK 的增强版本，是美国能源部 ODE2000 支持开发的 20 多个 ACTS 工具箱之一，由 OAK RIDGE 国家实验室、加州大学伯克利分校和伊利诺伊大学等联合开发。它是分布式存储环境运行的线性代数库，主要为可扩放的、分布存储的并行计算机而设计，支持稠密和带状矩阵的各类操作，如乘法、转置、分解等。

（5）FFTW

FFTW 库（The Fastest Fourier Transform in the West，FFTW），是由麻省理工学院的 MATTEO FRIGO 和 STEVEN G. JOHNSON 开发，用于一维和多维实数或复数的离散傅里叶变换，可以针对各种不同的平台做高效率的傅里叶变换运算。

（6）MKL

MKL（Math Kernel Libary，MKL）由因特公司开发，包含常用的各种数学库，提供统一的函数接口，这些数学库在高性能计算中有着非常广泛的应用。

MKL 库针对各种处理器、尤其 INTEL 处理器做了众多的优化，大量的基本函数通过汇编语言来实现，大幅度提高库函数的执行效率，MKL 的 BLAS 库的性能往往超过原始 BLAS 库性能的 $30\% \sim 100\%$。

（7）ACML

AMD 核心数学库 ACML（AMD Core Math Library，ACML），是由 AMD 公司与英国

Numerical Algorithms Group(NAG)共同开发。ACML 基于 AMD OPTERON 和 ALTHON 64 处理器,支持 32 bit 和 64 bit 的 WINDOWS 平台、32 bit 和 64 bit 的 LINUX 平台,提供一级、二级、三级 BLAS 以及 LAPACK、FFT 等函数,通过 PGI 编译器同时支持面向 LINUX 开发的 OPENMP 和非 OPENMP。ACML 已经为现有的软件公司做了最大的预料的扩充和升级空间,而且并最优化了这个运算数据库。开发者可以通过 ACML 完成最佳的处理器代码的编写,保证在 X86 架构下可以获得最大化的速度和最快的执行效能。

数值预报业务系统调试及运维管理平台:是数值预报业务调试、运维管理的重要平台。平台支持以图形界面方式通过鼠标操作编辑业务系统框架,能够自动生成业务系统脚本模板,生成的脚本可以直接运行测试;支持在图形界面中展示业务系统的结构,支持以不同颜色显示业务系统各个模块的运行状态,支持显示各模块的运行进度;支持在图形界面中启动、终止、重启作业;当业务系统(用户作业)发生故障时支持以短信、邮件等方式进行告警通知;实现现有数值预报系统的业务迁移,在本次项目采购资源环境中稳定运行。

3.4.3　机房配套环境改造

3.4.3.1　现状及需求

根据数值模式运行对计算及存储资源的需求测算,结合机房现状,如机房剩余机柜空间、散热能力、供电情况等条件,对机房进行适度的改造,以适应高性能计算机集群系统的扩建。机柜空间方面,根据设备体积测算,在机房建立了 6 个机柜位。空调制冷方面,机房高性能计算机区由 2 台 STULZ CSD431A 40 kW 精密空调通过下送风方式进行制冷,考虑新上硬件设备的规模及高性能计算设备的高散热量等因素,配备了 160 kW 以上的空调并建立封闭通道,以实现机房局部良好的制冷效果。供电方面,高性能计算的刀片集群的密度较高,单机柜配备了 12 kW 以上的供电。

3.4.3.2　机柜布局改造

为满足新增机柜需求,在气象数据中心机房高性能计算区增加了 8 台高性能机柜(新增机柜编号为 3♯、4♯、5♯、6♯、7♯、10♯,另外两台因位于立柱旁,但同时为保证接线、调试要求,需设置为空柜),建成后该区域共排布 12 台高性能机柜,其平面布置如图 3-43 所示。

3.4.3.3　制冷改造

精密空调改造:根据设备峰值功率及机柜容量计算,每台机柜功率约为 12 kW,建设完成后共计 10×12＝120 kW。由于空调实际制冷量只能达制冷量的 80％,根据设备负荷计算配备空调制冷量为 120÷0.8＝150 kW。使用 2 台 80 kW 精密空调替换原来的 2 台 40 kW 精密空调。新增两台空调的室外机,每组规格约为 4000 mm×700 mm。

封闭冷通道建设:冷通道系统是一项应用于降低因工作而发热的设备温度的技术。主要应用于中、大型数据中心机房。针对机房高性能区域气流短路,冷热气流混窜、气流组织絮乱,空调能耗浪费严重等缺点,冷通道封闭能最大限度地将冷空气封闭在冷通道内,实现冷热气流的分离,有效提高致冷利用率,实现设备降温与空调节能的双重目标(图 3-44)。

采用冷通道技术,旨在通过管理气流,提高冷空气利用率,来节约能源和降低冷却成本,降低整个数据中心 PUE,构建一个优化的 IT 运行微环境,提升应用可靠性。

根据新增设备情况,选取封装冷热通道为 12 个机柜位,立柱旁的 2 个机柜无法摆放生产

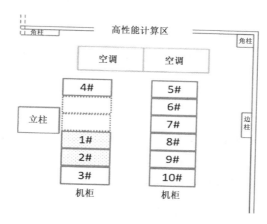

图 3-43　扩建后高性能计算区

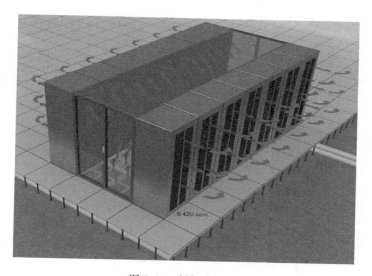

图 3-44　封闭冷通道

设备,安置两个空机柜,用于满足封装要求。

3.4.3.4　配电改造

空调配电改造:改造后空调共新增用电量约 80 kW,新增空调电源由原配电柜 AP2 提供,经核算,AP2 进线开关为 400 A,平时工作电流约为 160 A,为满足改造的供电需求,在原柜内增加出线回路。

为满足新更换的 80 kW 空调供电需求,原有的 25 mm² 电缆无法满足,需要改为 35 mm² 电缆,从配电室动力柜母排重新端接 1 个微型空开为空调供电;为满足原有移机至服务器存储区的两台 STULZ CSD431A 精密空调的供电需求,铺设了 16 mm² 电缆至配电室动力柜母线排,从配电室动力柜母排重新接了 2 个微型空开专门为空调供电。

UPS 配电改造:根据本次项目设计,每台机柜功率约为 12 kW,本次改造机柜共新增用电量约 50 kW,电源由不间断电源系统(Uninterrupted Power Subsystem,简称 UPS)间的 UPS

输出柜提供。经过核算,需对两台 UPS 分别增设 2 个 30 kV · A 功率模块后才可满足本次改造要求,电池满足本次改造需求。

3.5　人工影响天气海事卫星空地通信指挥系统

3.5.1　系统概述及组成

　　人工影响天气海事卫星空地通信指挥系统对人工影响天气业务中多源数据的融合分析应用起到技术支撑的作用。通过建设以海事卫星宽带传输为主的飞机作业空地通信指挥系统,实现了空地指挥、数据共享一体化,实现了地面指挥—飞机作业—数据分析—跟踪指挥的循环过程,实现了空地数据融合同步。人工影响天气海事卫星空地通信指挥系统的硬件部分为空地数据传输提供基础支撑,系统以应用软件为中心,结合大气探测设备和卫星通信设备,构建基于 IP 的飞机内部有线局域网。整个系统由应用软件系统和硬件配套设施组成,应用软件包含实时数据传输、海事卫星控制、短信收发控制、文件资料传输、雷达卫星云图信息展示、作业计划方案显示、机载设备状态显示和飞机位置轨迹显示共 8 个子系统;硬件配套设施由专业设备构成,具体为卫星数据单元、双工低噪功放单元、相控阵高增益天线、高频电缆及其配套连接器、机载通信综合控制设备和机载拨号话机及抗噪耳机话筒。

3.5.2　功能设计与实现

3.5.2.1　系统组成

　　软件系统主要由 8 个子系统组成,如图 3-45 所示。

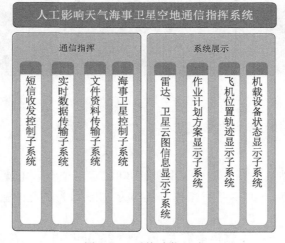

图 3-45　系统功能组成

　　(1)实时数据传输子系统　主要功能是实现空地人工影响天气业务数据的实时采集和数据同步。数据上传时,实时数据传输子系统从大数据中心提取数据发送至海事卫星地面站,再由地面站通过卫星通信传输技术将数据上传至飞机端。数据下传时,实时数据传输子系统从飞机端提取数据,通过卫星通信传输技术发送至海事卫星地面站,再由地面站将数据发送至大数据中心,供后端系统使用。

(2)海事卫星控制子系统　主要功能是实现海事卫星语音、宽带通信的控制。

(3)短信收发控制子系统　主要实现北斗卫星短信、海事卫星短信通信的控制。

(4)文件资料传输子系统　主要功能是实现空地数据同步和空地文件的传输。

(5)雷达、卫星云图信息显示子系统　雷达、卫星云图信息展示子系统用于在飞机端和通信指挥中心展示雷达、卫星云图信息。通过调用雷达的原始数据进行解算,显示出 PPI、CAPPI、RHI。其中 PPI、CAPPI 要求显示其 3 个要素包括强度、速度、谱宽及三要素在 14 个不同的仰角的具体信息;用不同的颜色在相应的位置标识出。当显示出 PPI 或 CAPPI 中的一个要素信息后,同时可以查看 RHI 的信息。通过调用卫星云图的原始数据,进行解算并以图片方式显示。

(6)作业计划方案显示子系统　作业计划方案显示有飞机端作业方案文档的查看显示和 GIS 地图上计划飞行轨迹等信息的显示两种方式。作业计划方案来源于地面上传数据,可选择自动加载和手动加载进行数据显示。

(7)机载设备状态显示子系统　通过分析机载探测设备的运行参数,对比设备运行指标,判断机载设备运行状态,并实时在飞机端和地面端显示。

(8)飞机位置轨迹显示子系统　用于在飞机端和地面端主界面的地理信息图层中实时展示飞机的实时轨迹信息、飞机位置轨迹及在某地点进行催化剂作业的标识。轨迹信息主要包括时间、经度、纬度、高度、速度、航向等。

3.5.2.2　系统接口

系统接口描述如图 3-46 所示。

实时数据传输子系统涉及的接口包括:

(1)雷达、卫星云图数据传输接口:用于从气象大数据管理云平台采集雷达数据和卫星云图数据,传输至飞机端和地面端。

(2)云水常规数据采集接口:用于采集飞机端探测到的云水常规数据,从飞机端传输至地面端。

(3)云物理数据采集接口:用于采集飞机端探测到的云物理数据,从飞机端传输至地面端。

(4)文件资料数据传输接口:用于文件资料的飞机端和地面端数据的相互传输,为需要传输的文件和数据增加数据时标信息,采用远程同步(Remote SYNChronize,简称 RSYNC)与远程差分压缩(Remote Differential Compression,简称 RDC)两种最为常见的数据同步算法进行空地时标信息同步,实现数据库的同步。

(5)机载设备状态数据传输接口:用于获取卫星通信和大气探测设备的工作状态参数,获取大气探测设备的探测数据,并实现上述数据的空地同步传输。

(6)语音通信接口:用于实现空地语音通信。

(7)北斗卫星短信收发接口:作为备份通信方式接入北斗卫星空地通信系统,可控制北斗空地通信系统进行短信收发。

(8)海事卫星短信收发接口:作为主要通信方式,控制海事卫星空地通信系统进行短信收发。

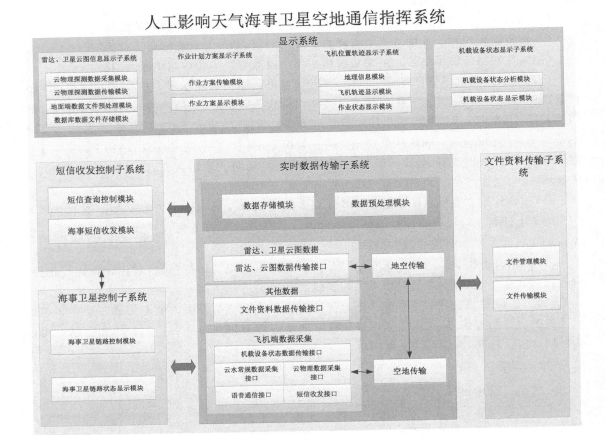

图 3-46　系统接口

3.5.2.3　实时数据传输子系统

概述:实时数据传输子系统实现空地人工影响天气业务数据的实时采集和数据同步。数据上传时,实时数据传输子系统从大数据中心提取数据,发送至海事卫星地面站,再由地面站通过卫星通信传输技术将数据上传至飞机端。数据下传时,实时数据传输子系统从飞机端提取数据,通过卫星通信传输技术发送至海事卫星地面站,再由地面站将数据发送至大数据中心,供后端系统使用。

组成:实时数据传输子系统由云物理探测数据采集模块、云物理探测数据传输模块、地面端数据库数据文件预处理模块、地面端数据库数据文件存储模块4个模块组成。

流程:实时数据传输子系统涉及3个同步流程,分别对应空中云物理数据采集传输、雷达图片数据采集传输以及卫星云图数据采集传输。这3个流程各自独立运行,通过系统接口实现空地数据同步传输(图3-47)。

接口:实时数据传输子系统涉及的接口包括:

(1)雷达、卫星云图数据传输接口,用于从气象大数据管理云平台采集雷达数据和卫星云图数据,传输至飞机端和地面端。

(2)云水常规数据采集接口,用于采集飞机端探测到的云水常规数据,传输至地面端。

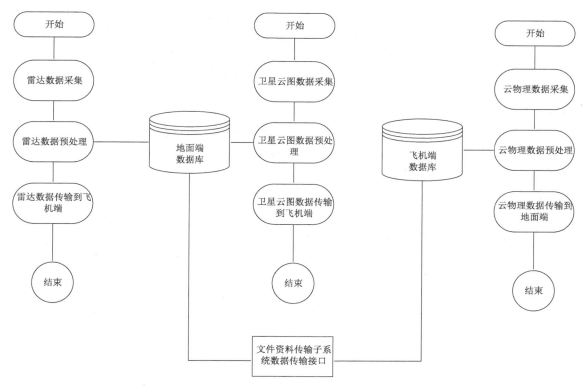

图 3-47　实时数据传输子系统流程

（3）云物理数据采集接口，用于采集飞机端探测到的云物理数据，传输至地面端。

（4）文件资料数据传输接口，用于文件资料的空地互传，为需要传输的文件和数据增加数据时标信息，采用 RSYNC 与 RDC 两种最为常见的数据同步算法进行空地时标信息同步，实现数据库的同步。

系统性能指标：实时数据传输子系统支持至少 2 个用户的同时在线，核心服务支持 20 并发以上。一般性的数据新增、修改、删除等操作，平均响应时间应在 1 s 以内，不能超过 3 s；一般业务操作的简单查询和统计，平均响应时间应在 3 s 以内，不能超过 5 s。

云物理探测数据采集模块：实时采集飞机大气探测设备的云物理探测数据，基于大气探测文件的编码形式，对数据进行采集和存储。

（1）云物理探测数据实时采集功能：机载云物理探测设备包含有多个探头，每个探头探测的数据类型各不相同，通过该功能模块，可实现云物理探测数据的实时和同步收集。

（2）云物理探测数据实时存储功能：按照大气探测文件的编码形式，实时存储机载云物理探测数据。

（3）常规大气探测数据实时采集和存储功能：实时采集大气温度、湿度等常规气象数据，并按照大气探测文件的编码形式实时存储。

云物理探测数据传输模块：包括飞机端云物理探测数据的下传和飞机端常规大气探测数据的下传两项功能。

（1）云物理探测数据下传功能：向地面端实时下传云物理探测数据。

(2)常规大气探测数据下传功能:向地面端实时下传常规大气探测数据。

地面端数据库数据文件预处理模块:在进行空地数据传输时,按照空地数据传输接口的要求对数据进行预处理,提高空地数据传输的稳定性和时效性。预处理包括以下功能:

(1)时标信息添加功能:增加数据时标信息,时标信息来源于北斗卫星。

(2)时标同步功能:空地时标信息同步,通过基于海事卫星的宽带链路,实现网络时间同步,保证空中与地面时间一致。

(3)数据同步功能:通过基于海事卫星宽带链路的网络应用之间进行数据传输和同步。RSYNC 与 RDC(Remote Differential Compression)是两种最为常见的数据同步算法,仅传输差异数据,实施远程数据镜像、备份、复制、同步,数据下载、上传、共享等,从而节省网络带宽并提高效率。

地面端和飞机端数据库数据文件存储模块:建立地面端和飞机端数据库,实现不同类型数据的分时、分类存储,并能在数据库中进行添加、删除等操作,实现数据库的简易操作。采用 Web Service 接口对外提供所有数据的描述,通过该接口,有一定权限的用户可获得系统所有数据。

(1)地面端数据库功能:实现不同类型数据的分时、分类存储。

(2)地面端数据库操作功能:实现在数据库中进行添加、删除等操作,实现数据库的简易操作。

(3)地面端数据库管理功能:实现不同类型的数据,在数据库中的存储位置、数据接口、存储时效等设置和操作,实现对地面端数据库的管理。

3.5.2.4　海事卫星控制子系统

概述:海事卫星控制子系统主要实现海事卫星语音、宽带通信的控制。

组成:海事卫星控制子系统包括海事卫星的链路控制和链路状态显示模块。

流程:海事卫星控制子系统流程分成三步,最后通过展示系统展示卫星链路工作状态。

(1)通过"建链"按钮,实现海事卫星通信链路建立。

(2)通过"拆链"按钮,解除海事卫星通信链路。

(3)通过海事卫星通信链路实现语音、宽带链接。

(4)通过海事卫星链路工作状态展示系统展示海事卫星通信终端通信状态。

接口:

(1)机载设备状态数据传输接口:用于获取卫星通信和大气探测设备的工作状态参数,获取大气探测设备的探测数据,并实现上述数据的空地同步传输。

(2)语音通信接口:用于实现空地语音通信。

系统性能指标:海事卫星通信装置搜星时间小于 120 s,通话链路建立时间不能超过 3 s;卫星宽带通信平均响应时间应在 2 s 以内,不能超过 3 s。

海事卫星链路控制模块:用于控制海事卫星空地数据链路的建立和解除,实现对海事卫星链路的有效控制。

(1)海事卫星链路建立功能:通过"建链"按钮,实现海事卫星空地通信链路的建立。

(2)海事卫星链路解除功能:通过"拆链"按钮,实现海事卫星空地通信链路的解除。

海事卫星链路状态显示模块:用于海事卫星工作状态、信号强度和通信状态显示等功能。

(1)海事卫星工作状态显示功能:在飞机端显示海事卫星设备的开启或关闭状态。

（2）海事卫星信号强度显示功能：在飞机端和地面端显示海事卫星通信信号的强度。

（3）海事卫星通信状态显示功能：在飞机端和地面端显示海事卫星通信链路的建立和解除。

3.5.2.5　短信收发控制子系统

概述：短信收发控制子系统主要实现海事卫星短信的通信控制。

组成：短信收发控制子系统包括短信收发和短信查询控制模块。

流程：图 3-48 为短信收发控制子系统流程。

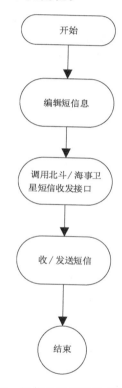

图 3-48　短信收发控制子系统流程

接口：

（1）北斗卫星短信收发接口：作为备份通信方式接入北斗卫星空地通信系统，可控制北斗空地通信系统进行短信收发。

（2）海事卫星短信收发接口：作为主要通信方式，控制海事卫星空地通信系统进行短信收发。

系统性能指标：海事卫星通信装置搜星时间小于 120 s，短信收发时延不能超过 3 s。

短信收发模块：用于控制海事卫星空地短信息的接收和发送目标。

（1）短信发送目标控制功能：选择一个或几个目标收信人，编辑并向其发送短信息。

（2）短信息存储功能：为短信息添加日期、时间、飞机编号和海事卫星用户编号等信息，存储用户发送或接收的短信息。

短信查询控制模块：短信收发控制模块用于查询历史通信记录和控制信息接口。

（1）短信查询功能：只要接收过短信息，即可根据日期、时间、飞机编号、海事卫星用户编号等信息查询历史通信记录。

（2）接口控制功能：默认选择海事卫星通信接口进行空地通信，北斗系统作为备份通信系统，在海事卫星信号失效时提供另一种通信解决方案。

3.5.2.6　文件资料传输子系统

概述：文件资料传输子系统主要是实现空地数据同步和空地文件的传输。

组成：文件资料传输子系统由文件管理以及文件传输两个模块组成，用于管理待传输的文件资料和实现文件资料的空地传输。

流程：图 3-49 为文件资料传输子系统流程。

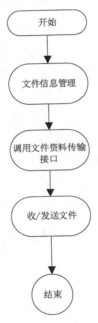

图 3-49　文件资料传输子系统流程

接口：文件资料数据传输接口：用于文件资料的空地互传，为需要传输的文件和数据增加数据时标信息，采用 RSYNC 与 RDC 两种最为常见的数据同步算法进行空地时标信息同步，实现数据库的同步。

性能指标：文件收发延时不能超过 3 s。

文件管理模块：用于管理待传输的文件资料。

（1）文件传输队列管理功能：非并行传输的多个文件资料按顺序依次传输。

（2）文件传输取消功能：中断文件资料的传输，并按照文件传输队列，依次逐个取消文件传输。

（3）文件查询功能：接收到的文件资料自动备份，可根据日期、时间、飞机编号、海事卫星用户编号等信息查询历史资料。

文件传输模块：用于发送和接收空地互传的文件资料。

（1）文件发送目标控制功能：选择一个或几个目标接收人，向其发送文件；选择一个或几个目标接收人,拒绝向其发送文件资料。

（2）文件接收目标控制功能:选择一个或几个目标接收人,接收其发送的文件;选择一个或几个目标接收人,拒绝接收其发送的文件资料。

3.5.2.7　雷达、卫星云图信息显示子系统

概述:雷达、卫星云图信息显示子系统用于在飞机端和通信指挥中心显示雷达、卫星云图信息。通过调用雷达的原始数据,进行解算,显示出 PPI、CAPPI、RHI。其中 PPI 、CAPPI 要求显示其三个要素包括强度、速度、谱宽及三要素在 14 个不同的仰角的具体信息;用不同的颜色在相应的位置标识出。当显示 PPI 或 CAPPI 中的一个要素信息后,同时可以查看 RHI 的信息。通过调用卫星云图的原始数据,进行解算并以图片方式显示。

组成:雷达、卫星云图信息显示子系统具有雷达数据显示和云图数据显示两个功能。

流程:图 3-50 为雷达、卫星云图信息显示子系统流程。

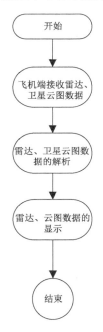

图 3-50　雷达、卫星云图信息显示子系统流程

接口:雷达、卫星云图数据传输接口:用于从气象大数据管理云平台采集雷达数据和卫星云图数据,传输至飞机端和地面端。

性能指标:雷达、卫星云图信息显示子系统图像显示延迟不能超过 15 s。

雷达数据显示模块:用于解析和显示雷达资料。

（1）雷达数据解算功能:通过调用雷达的原始数据,对内蒙古自治区新一代天气雷达的不同种类的基数据进行解算。

（2）多层扫描结果显示功能:结合地理信息数据,显示雷达 PPI、CAPPI、RHI。其中 PPI、CAPPI 要求显示其三个要素包括强度、速度、谱宽及三要素在 14 个不同的仰角的具体信息;用不同的颜色在相应的位置标识出。当显示 PPI 或 CAPPI 中的一个要素信息后,同时可以查看 RHI 的信息。

卫星云图信息显示模块:用于解析和显示卫星云图资料。

(1)卫星云图文件解算功能:通过调用卫星云图的数据,进行解算。

(2)卫星云图文件显示功能:结合地理信息数据,显示卫星云图信息。

3.5.2.8　作业计划方案显示子系统

概述:作业计划方案显示子系统用于在飞机端和通信指挥中心显示作业方案计划及其变更情况。作业计划方案显示有飞机端作业方案文档的查看显示和 GIS 地图上计划飞行轨迹等信息的显示两种方式。作业计划方案来源于地面上传数据,可选择自动加载和手动加载进行数据显示。

组成:作业计划方案显示子系统由地面端上传作业计划方案和飞机端显示作业计划方案两个功能组成。

流程:图 3-51 为作业计划方案显示子系统流程。

图 3-51　作业计划方案显示子系统流程

接口:文件资料数据传输接口:用于文件资料的空地互传,为需要传输的文件和数据增加数据时标信息,采用 RSYNC 与 RDC 两种最为常见的数据同步算法进行空地时标信息同步,实现数据库的同步。

性能指标:作业方案和计划的显示延迟不能超过 10 s。

作业方案传输模块:用于地面端向飞机端传输作业方案及其修订情况。

(1)作业方案传输功能:选择一个目标,向其发送作业方案。

(2)文件传输格式识别功能:自动识别 WORD 和 PDF 文件格式的作业方案,显示地面端和飞机端传输的模拟作业航线。

作业方案显示模块:用于在地面端和飞机端显示作业方案。

(1)作业方案显示功能:显示作业方案的全部内容。

（2）作业航线绘制功能：基于地理信息数据模拟绘制作业航线。

3.5.2.9　机载设备状态显示子系统

概述：通过分析机载探测设备的运行参数，对比设备运行指标，判断机载设备运行状态，并实时在飞机端和地面端显示。

组成：由机载设备状态分析和机载设备状态显示两个模块组成。

流程：图 3-52 为机载设备状态显示子系统流程。

图 3-52　机载设备状态显示子系统流程

接口：机载设备状态数据传输接口：用于获取卫星通信和大气探测设备的工作状态参数，获取大气探测设备的探测数据，并实现上述数据的空地同步传输。

性能指标：能够实时判断机载设备的工作状态。

机载设备状态分析模块：用于制定机载设备的设备状态判别指标。

（1）大气探测设备状态判别功能：设定大气探测设备状态的判别指标，根据指标判别大气探测设备是否正常工作。

（2）供电系统状态判别功能：设定飞机工作舱供电状况的判别指标，根据指标判别飞机工作舱供电是否正常。

机载设备状态显示模块：用于在飞机端和地面端显示机载设备的工作状态。

（1）大气探测设备状态显示：以状态灯的方式显示大气探测设备的工作状态，绿色表示工作正常，红色表示故障。

（2）供电系统状态显示：以状态灯的方式显示卫星通信设备的工作状态，绿色表示工作正常，红色表示故障。

（3）设备状态显示控制：用于设计机载设备状态显示的界面，增加或删除设备，为新设备预留接口。

3.5.2.10　飞机位置轨迹显示子系统

概述：飞机位置轨迹显示子系统用于在飞机端和地面端主界面的地理信息图层中实时显示飞机的实时轨迹信息、飞机位置轨迹及在某地点进行催化剂作业的标识。轨迹信息主要包括时间、经度、纬度、高度、速度、航向等信息。

组成：飞机位置轨迹显示子系统由地理信息模块、飞机实时轨迹数据接收和数据显示 3 个模块组成。

流程：图 3-53 为飞机位置轨迹显示子系统流程。

图 3-53　飞机位置轨迹显示子系统流程

接口：机载设备状态数据传输接口：用于获取卫星通信和大气探测设备的工作状态参数，获取大气探测设备的探测数据，并实现上述数据的空地同步传输。

性能指标：飞机实时轨迹显示延迟不能超过 5 s。

地理信息模块：采用 QGIS 平台，作为飞机轨迹和作业信息显示的基础，显示在系统主界面上。

（1）地图显示功能：采用 QGIS 平台，1：5000 网格化地图，显示作业范围内的行政区划，空域信息等。

（2）基本地图操作功能：包括地图缩放、地图漫游、地图测距等。

（3）地理信息系统业务功能：包括基于地理信息选择飞机、海事卫星通信终端和统计等功能。

飞机轨迹显示模块：用于显示飞机在地图上的位置。

（1）飞机实时轨迹显示：数字地图与飞机 GPS 位置轨迹对应，确定飞机在地图上的实时位置。

（2）飞机历史轨迹显示：通过时间或飞机编号查询历史飞行记录，数字地图与历史飞行作业的飞机 GPS 位置轨迹对应,确定飞机在地图上的实时位置。

(3)飞机轨迹显示设置:设置飞机轨迹的显示时间、保留时间、轨迹颜色等。

作业状态显示模块:用于在飞机端和地面端显示飞机播云作业的工作状态。

(1)实时作业状态显示:通过飞机端的界面操作,改变播云催化作业的工作状态,根据催化剂类型及其技术参数,确定播云催化作业状态的持续时间。作业状态实时记录在飞行轨迹数据中。

(2)历史作业状态显示:根据历史飞行轨迹数据,自动识别作业状态并显示在数字地图上。

3.6　生态数据分析系统

3.6.1　系统概述及组成

生态数据分析系统包括应用系统和硬件配套设施组成。应用系统包括应用软件系统和应用支撑系统,应用软件系统包含生态数据分析应用子系统。应用支撑系统包含无人机数据和航空影像处理软件、遥感数据并行处理系统;硬件配套设施包含终端设备和专业设备,其中终端设备包含图形工作站和移动工作站,专业设备包含无人机、机载多光谱相机、机载高速成像光谱仪、图形工作站、移动工作站、RTK 测量系统等设备。

3.6.2　功能设计与实现

3.6.2.1　应用软件系统

组成:生态数据分析系统作为应用定制软件主要将其他各软硬件产生数据结果结合到一起,作为生态气象监测评估子系统最终数据汇总加工部分。因功能较为集中,因此,不再划分多个子系统,系统由一个生态大数据分析应用系统构成。如图 3-54 所示。

生态数据分析应用子系统简介如下。

(1)子系统概述:基于不同生态类型的生态气象评估技术、监测评估指标体系和定量化影响评估模型,利用气象实况资料、历史气候资料、生态观测数据、基础地理信息等综合观测数据,建设生态气象监测评估子系统,针对不同生态系统和生态问题,提供月、季、年及年代际生态监测评估报告,开展生态气象个性化、定制化监测服务业务;建设内蒙古地区干旱、雪灾的动态监测评估业务服务模型,开展重大生态气象灾害的监测评估服务业务。具体实现以下产品的自动化制作和分析:土壤墒情监测、生态气象情报、牧草生长发育动态监测分析、天然牧草营养成分监测分析、春季植树造林适宜区分析、地下水位监测、土壤风蚀监测、基于遥感估测模型的牧草产量评估、雪灾和干旱监测评估等。

(2)子系统组成(图 3-55):生态数据分析应用子系统主要包括数据采集查询模块、数据统计分析模块、空间制图分析模块、遥感监测分析模块、产品制作发布模块。

(3)子系统流程:生态数据分析应用子系统为统计分析类系统,业务流程即为数据的处理与统计分析过程(图 3-56)。通过对内、对外采集生态监测站点历史记录数据、气象条件(风向、风速等)、区域地理环境、地形数据、区域周边行政区划,最终输出生态评估结论,包括:

1)针对不同生态系统和生态问题,提供月、季、年及年代际生态监测评估报告,开展生态气象个性化、定制化监测服务业务;

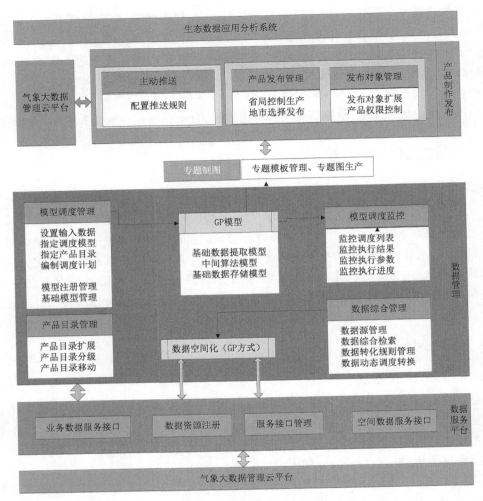

图 3-54　生态大数据分析应用系统组成

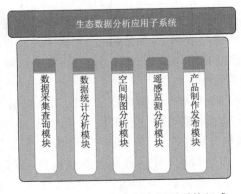

图 3-55　生态数据分析应用子系统组成

2)建设内蒙古地区干旱、雪灾的动态监测评估业务服务模型,开展重大生态气象灾害的监测评估服务业务。

系统的输出产品包括土壤墒情监测、生态气象情报、牧草生长发育动态监测分析、天然牧草营养成分监测分析、春季植树造林适宜区分析、地下水位监测、土壤风蚀监测、基于遥感估测模型的牧草产量评估、雪灾和干旱监测评估等产品。

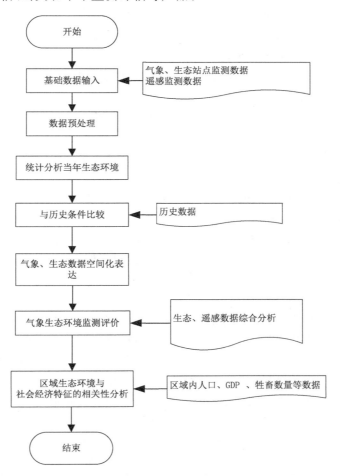

图 3-56　生态数据分析应用子系统业务流程

(4)子系统接口:生态数据分析应用子系统接口主要包括:

1)从大数据管理云平台数据接口获取数据,用于采集气象数据、生态观测数据;

2)遥感影像数据处理接口:用于处理采集到的多种遥感观测数据;

3)产品发布接口:通过大数据管理云平台发布产品到业务内网、服务网站。

(5)子系统性能指标:生态数据分析应用子系统支持至少 50 个用户的同时在线。平均响应速度:一般性的数据新增、修改、删除等操作,平均响应时间应在 1 s 以内,不能超过 3 s;一般业务操作的简单查询和统计,平均响应时间应在 3 s 以内,不能超过 5 s。日处理遥感数据量 50 GB 以上。

(6)数据采集查询模块:生态气象服务观测资料主要为结构化数据,因此,采集模块功能主要包括:接收消息系统获取的地面气象观测数据实现不同数据来源的采集抽取,数据抽取和预处理完成后才能进行数据的入库工作,包括生态中心现有数据库、CIMISS、报文、EXCEL、文本等方式的数据来源,并将多种数据转移存储到大数据管理云平台中,按照规定的要求进行特征值转换、要素值检查等处理;同时对数据做快速质量控制,去除错误数据;最终进行数据入库存储。

1)通过大数据管理云平台接入结构化数据、非结构化数据、空间数据等多源数据。

2)对接入数据做质量控制,并根据插补算法插补缺测数据。

3)简单查询已有数据,并管理相应数据。

(7)数据统计分析模块:通过系统数据库中查询分析完成气象要素以及生态监测要素的阶段平均、阶段合计、阶段最大最小。与历史平均比较、与上年比较。功能主要包括:

1)根据生态监测评估统计相应数据。包括阶段平均、阶段合计、阶段最大最小。与历史平均比较、与上一年比较等;

2)统计生态环境评估气象条件分析的相关内容,包括距平、距平百分率、积温、历史排位等气候和生态数据统计功能。

(8)空间分析制图模块:利用地理信息系统将气象生态数据完成空间可视化及制图工作,利用插值、小网格推算、栅格运算等方式完成站点观测数据到空间连续场的展示方法,以及地理信息系统常用功能,包括地图浏览、空间查询和制图分析等功能。

1)地图展示,常规的地图浏览功能,常用信息展示包括标注、分级渲染、图层控制等功能。

2)空间查询分析,按区域按等级统计相关人口、GDP 等信息,查询已有空间数据的属性信息。

3)制图分析,按照标准制图规范能在软件里制作标准图件。

(9)遥感监测分析模块:以多源遥感数据为基本数据源,结合地基观测,利用现有 SMART 和商业遥感软件处理分析平台,对多种遥感产品展示分析,包括沙尘监测(沙尘精细化监测、沙尘强度反演、沙尘影响概率外推预警、沙尘影响评估、沙尘气溶胶光学特性反演等)、雾霾监测(分布区域、强度、气溶胶光学厚度、能见度反演等)、火灾监测(异常高温点识别、基于亚像元的明火面积估算、火灾综合决策服务等)、积雪监测(积雪覆盖区域、深度、持续时间及相关统计等)、城市监测(城市热岛、城市大气污染等)。遥感分析监测模块功能如表 3-29 所示。

表 3-29 遥感分析监测模块功能

功能组	功能	功能简述
沙尘类	沙尘判识模块	沙尘天气判识
	沙尘强度反演模块	基于气溶胶光学厚度、观测数据等的沙尘强度与能见度反演计算
	沙尘影响评估模块	基于地理信息的多类型统计分析,可提供面积、强度、社会经济受影响状况等的综合服务模块
	沙尘影响概率外推预警模块	基于数值预报数据的沙尘路径模拟
雾霾类	雾霾监测模块	轻度以上雾霾识别等
	能见度反演模块	基于气溶胶光学厚度、观测数据等的能见度反演计算
	雾霾影响评估模块	基于地理信息的多类型统计分析,可提供面积、强度、社会经济受影响状况等的综合服务模块

续表

功能组	功能	功能简述
火灾类	火灾识别模块	森林草原火灾异常高稳定识别模块
	亚像元面积估算模块	森林草原火灾明火区面积计算
	决策服务模块	基于地理信息的多类型统计分析,可提供面积、强度、社会经济受影响状况等的综合服务模块
积雪类	积雪判识模块	基于阈值识别法的雪盖区域识别,可进行人机交互
	光学及微波雪深模块	基于经验公式的光学雪深计算以及基于微波数据的雪深计算
	雪灾综合分析模块	基于地理信息的多类型统计分析,可提供面积、强度、社会经济受影响状况等的综合服务模块
城市类	城市热岛模块	LST 计算,基于观测数据、高程、植被等辅助信息的 LST 订正等
	大气污染模块	基于多传感器数据的城市大气主要污染物监测

(10)产品制作发布模块

实现自动化的农业气象服务专题制图功能,并可以对专题制图模板进行设计和管理;统一发布界面下发布生态监测评估产品;提供主动推送数据的接口,方便其他系统集成,可以为盟(市)、旗(县)系统提供支持;所有信息都基于地图交互,以直观的方式提供相应的生态监测评估信息。具体实现以下产品的自动化制作和分析:土壤墒情监测、生态气象情报、牧草生长发育动态监测分析、天然牧草营养成分监测分析、春季植树造林适宜区分析、地下水位监测、土壤风蚀监测、基于遥感估测模型的牧草产量评估、雪灾和干旱监测评估等(表 3-30)。

表 3-30　产品制作模块功能

产品名称	分析要素	主要内容
土壤墒情分析	土壤湿度分布	全区土壤墒情概况,农林牧墒情分布及与去年和历年对比情况
牧业气象情报	阶段平均气温、极端最高(最低气温)、气温距平、累计降水、降水距平、牧草高度、盖度、地上生物量	阶段气象条件分析;气象条件对畜牧业生产的影响;下一阶段天气情况及防灾、减灾、牧事管理建议。
天然牧草生育期监测分析	天然牧草生育期气温、降水条件分析	气候概况,生育期与去年同期、历年同期的对比,气象条件对牧草生育期的影响评价,牧草生育期对家畜膘情的影响评价;牧事生产建议。
天然牧草营养成分监测分析	牧草生长季气温降水条件	牧草生长季气候情况;草地牧草长势情况;牧草营养成分分析;生产及草原生态保护建议。
春季植树造林适宜区分析	结合冻土和土壤温度观测数据确定造林适宜区	分析全区适宜造林区分布。全区开展春季植树造林期发布
地下水位监测信息	地下水位观测数据与上月及上一年同期分别做差值	与上月和上一年同期对比分析;未来地下水位可能变化及建议

续表

产品名称	分析要素	主要内容
土壤风蚀监测信息	土壤风蚀观测数据与上一年及历年同期距平	土壤风蚀变化与上一年及去同期对比分析。春秋季各发布一期
生态林业气象情报	气温距平、降水距平、平均相对湿度、土壤墒情、最大风速、最大积雪深度等	阶段气候概况,重要天气事件对生态或林业生产影响评估,气候预测及生产建议
牧区雪灾的影响评估	遥感雪情监测、地面观测资料、雪灾评估指标、雪灾评估模型	分析积雪分布范围和深度,积雪持续时间,对牧区放牧畜牧业的影响;估算成灾程度,并对不同等级灾害分布范围和面积,以及对家畜的危害程度、损失进行分析评估,得出定量和定性相结合的监测评估结论。并依据短期气候预测结果,预估未来天气、气候条件对灾情发展、对畜牧业的可能影响。抗灾保畜减灾措施建议
草地干旱对牧草生长和家畜的影响评估	前期降水、气温等、土壤水分观测资料、牧草长势观测资料以及卫星遥感监测(NDVI、墒情)信息	分析草地牧草水分亏缺量及牧草发育期、生物量、高度、盖度的影响。应用草地旱灾综合评估模型,估算成灾程度,确定灾害等级,并对不同等级灾害分布范围和面积,减产量进行分析评估,得出定量监测评估结论。并依据短期气候预测结果,预估未来天气气候条件对牧草生长发育及其产量形成,畜牧业生产造成的可能影响。
基于遥感估测模型的牧草产量评估	利用基于 MODIS-NDVI 遥感估测牧草产量模型,对内蒙古不同草地类型牧草产量进行模拟并与上一年和近 5 年对比	对内蒙古不同草地类型牧草生长状况进行定量评估

3.6.2.2　应用支撑系统

无人机数据和航空影像处理软件:无人机数据和航空影像处理软件,应具有能够自动空三加密、航片平差、正射纠正、镶嵌匀色、高精度 DSM 及 DEM 提取、多源数据的融合处理、各种数据的转换等功能。

遥感数据并行处理系统:面向测绘与遥感数据生产的网络化分布式处理平台,采用先进的调度和计算工作流技术,全面实现航空、航天影像从空中定位到影像分幅成图的全过程自动化处理,适合常规模式下测绘产品生产和应急模式下快速影像图生成。软件构架于主流的REST 框架上并且能够运行在集群环境中,具有可伸缩性和负载平衡功能,可以将一个资源上部署的图像分析功能传递给多个平台,允许用户通过 INTERNET 网在 Web 客户端或者移动客户端上进行大数据量的高级分析。

3.7　信息安全保障系统

3.7.1　安全保护体系设计

(1)系统概述

安全保障系统为内蒙古自治区气象大数据综合应用平台的正常运行提供安全防护,免受外部有组织的团体和拥有丰富资源的威胁源发起的恶意攻击,实现信息的正常传输、处理、共享和服务。

安全保障系统主要遵循统一规划、立足现状、节省投资、科学规范、严格管理的原则进行安全体系的整体设计和实施,并充分考虑到成熟性、现实性、持续性和可扩展性。

(2)总体设计

内蒙古自治区气象大数据综合应用平台的安全保障系统建设严格依据信息系统等级保护相关规定的要求。信息系统的安全建设围绕技术和管理两个维度展开,通过技术建设保证物理安全、网络安全、主机安全、应用安全、数据安全等方面;管理方面的建设包括安全管理机构、安全管理制度、系统运维管理等方面。

本平台核心数据信息系统基于原有的"全国综合气象信息共享平台(省级系统)"系统环境部署构建,有机结合并融入原有系统,形成统一数据环境,按照信息系统安全等级保护三级系统防护。

网络信息安全规划设计与实施是一个非常严谨和重要的工作,在对现有需求进行深入和全面了解的基础上,根据等级保护三级技术要求,结合网络优化设计进行核心的信息安全规划和实施工作(周琰 等,2018)。图 3-57 表示信息系统安全体系的框架。

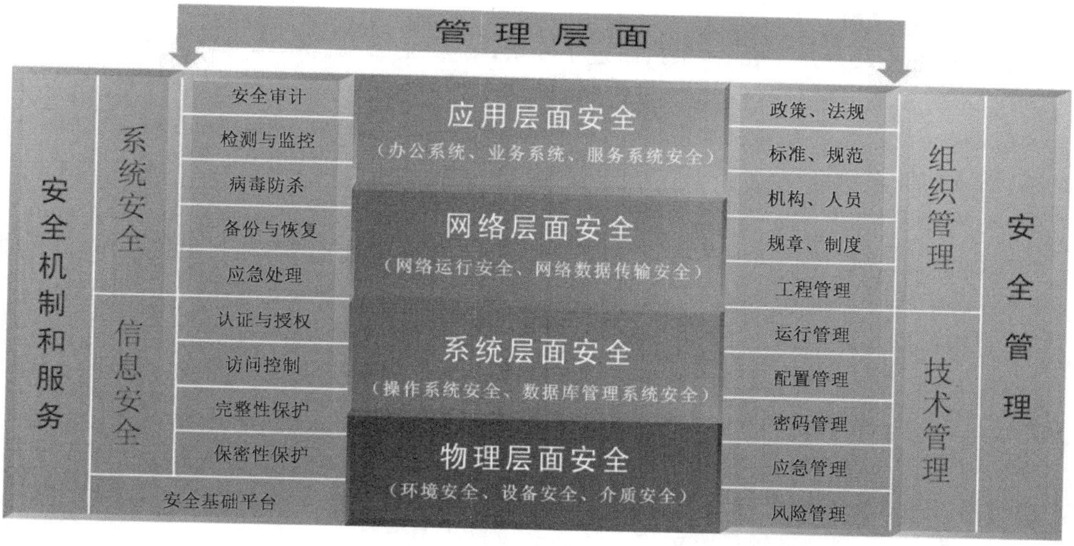

图 3-57　信息系统安全体系框架

信息安全建设从安全管理体制角度包括组织管理和技术管理,在相关政策法规和标准规范的指导下,建立安全管理体制、机制,利用信息安全、系统安全等技术手段,科学统筹实施安全系统建设。

网络信息安全建设从安全机制和服务角度包括基础平台安全、信息安全、系统安全,对从硬件本身、传输过程到软件本身这一系列过程提供安全保障。

本章主要围绕安全保护体系设计、安全保护技术建设、安全保护管理建设等方面进行说明。

3.7.1.1　设计及实施原则

在规划、建设、使用、维护系统平台的过程中,主要遵循统一规划、分步实施、立足现状、节省投资、科学规范、严格管理的原则进行安全体系的整体设计和实施,并充分考虑到先进性、现实性、持续性和可扩展性。

3.7.1.2　等级标准性原则

构建气象大数据综合应用平台,必须遵循相关标准。从设计、产品选型到实施建设都遵循国家信息系统等级保护三级相关标准和要求。

(1)需求、风险、代价平衡的原则

对本网络进行实际分析(包括任务、性能、结构、可靠性、可用性、可维护性等),并对网络面临的威胁及可能承担的风险进行定性与定量相结合的分析,然后制定规范和应对措施,确定安全策略。

(2)综合性、整体性原则

安全模块和设备的引入尽量满足系统运行和管理的统一性。一个完整系统的整体安全性取决于其中安全防范最薄弱的一个环节,提高整个系统的安全性以及系统中各个部分之间严密的安全逻辑关联强度,以保证组成系统的各个部分协调一致地运行。

(3)易操作性原则

安全措施需要人为去完成,如果措施过于复杂,对人的要求过高,本身就降低了安全性。

(4)设备的先进性与成熟性

安全设备的选择,既要考虑其先进性,还要考虑其成熟性。先进性意味着技术、性能方面的优越,而成熟性表示可靠与可用。

(5)无缝接入

安全设备的安装、运行应不改变网络原有的拓扑结构,对网络内的用户应是不可见的。同时,安全设备的运行不应造成网络传输通信的"瓶颈"。

(6)可管理性与扩展性

安全设备应易于管理,而且支持通过现有网络对网上的安全设备进行统一管理、控制,能够在网上监控设备的运行状况,进行实时的安全审计。

(7)保护原有投资的原则

在进行气象大数据综合应用平台信息安全体系建设时,充分考虑了原有投资,充分利用系统已有的建设基础,规划系统的整体安全体系和灾难恢复系统。

(8)综合治理

气象大数据综合应用平台是社会大环境下的一个系统工程,信息网络的安全同样也绝不仅仅是一个技术问题,各种安全技术应该与运行管理机制、人员的思想教育与技术培训、安全法律法规建设相结合,从社会系统工程的角度综合考虑。

3.7.1.3　参考标准

安全保护体系设计及实施参考了以下标准与规范:

(1)中共中央办公厅、国务院办公厅〔2002〕17号文《国家信息化领导小组关于我国电子政务建设指导意见》;

(2)ISO 17799/BS7799:《信息安全管理惯例》;

(3)《计算机信息系统安全保护等级划分准则》(GB17859—1999);

(4)公安部《信息安全等级保护管理办法》;

(5)公安部《信息系统等级保护安全设计技术要求》;

(6)公安部《信息系统安全等级保护实施指南》;

(7)公安部《信息系统安全等级保护测评准则》;

(8)《信息系统安全等级保护定级指南》(GB/T 22240—2008);

(9)《信息系统安全等级保护基本要求》(GB/T 22239—2008);

(10)《网络基础安全技术要求》(GB/T 20270—2006);

(11)《信息系统通用安全技术要求》(GB/T 20271—2006);

(12)《操作系统安全技术要求》(GB/T 20272—2006);

(13)《数据库管理系统通用安全技术要求》(GB/T 20273—2006);

(14)ISO/IEC TR 13335 系列标准;

(15)ISO/IEC 27001 信息系统安全管理体系标准;

(16)信息系统安全保障理论模型和技术框架 IATF 理论模型及方法论。

3.7.1.4　设计思路和方法

利用安全域方法论为主线来进行设计,从安全的角度来分析业务可能存在的风险。所谓安全域,就是具有相同业务要求和安全要求的 IT 系统要素的集合。这些 IT 系统要素包括:网络区域、主机和系统、人和组织、物理环境、策略和流程、业务和使命等。

因此,如果按照广义安全域来理解,不能将安全域的工作仅仅理解为在网络拓扑结构上的工作。

通过划分安全域的方法,将网络系统按照业务流程的不同层面划分为不同的安全域,各个安全域内部又可以根据业务元素对象划分为不同的安全子域。针对每个安全域或安全子域来标识其中的关键资产,分析所存在的安全隐患和面临的安全风险,然后给出相应的保护措施;不同的安全子域之间和不同的安全域之间存在着数据流,这时候就需要考虑安全域边界的访问控制、身份验证和审计等安全策略的实施。

安全域的划分以及基于安全域的整体安全工作,对系统具有很大的意义和实际作用:

(1)安全域的划分基于网络和系统来进行,是下一步安全建设的部署依据,可以指导系统的安全规划、设计、入网和验收工作;

(2)可以更好地利用系统安全措施,发挥设备的利用率;

(3)基于网络和系统进行安全检查和评估的基础,可以在运行维护阶段降低系统风险,提供检查审核依据;

(4)安全域可以更好地控制网络安全风险,降低系统风险;

(5)安全域的分割是出现问题时的预防措施,能够防止有害行为的渗透;

(6)安全域边界是灾难发生时的抑制点,能够防止影响的扩散。

"同构性简化"的安全域划分方法,其基本思路是认为一个复杂的网络应当是由一些相通的网络结构元所组成,这些结构元进行拼接、递归等方式构造出一个大的网络。同一区域内的设备实施统一的保护,如进出信息保护机制、访问控制、物理安全特性等。

3.7.2 安全保护技术建设

3.7.2.1 安全域划分

采用"3＋1同构性简化"的安全域划分方法,将平台按照大数据的分类可以分为业务应用域、安全接入域、安全互联域以及安全支撑域四类。在此基础上确定不同区域的信息系统安全保护等级。同一区域内的资产实施统一的保护,如进出信息保护机制、访问控制、物理安全特性等。平台的安全域逻辑模型如图3-58所示。

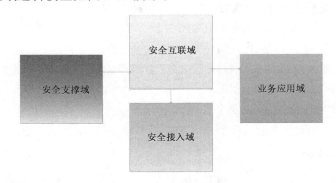

图 3-58　安全域逻辑模型

(1)安全接入域

由访问同类数据的用户终端构成安全接入域,安全接入域的划分应以用户所能访问的安全服务域中的数据类和用户计算机所处的物理位置来确定。

安全接入域由内网办公区的接入终端组成。

安全接入域的安全防护等级与其所能访问的安全服务域的安全等级有关。当一个安全接入域中的终端能访问多个业务应用域时,该安全接入域的安全防护等级应与这些业务应用域的最高安全等级相同。

(2)安全互联域

安全互联域包括互联网区、广域网区、电子政务外网区和核心交换区4个部分。

互联网区提供外部用户对本系统的访问服务。

广域网区与政务外网和气象专网相连,进行数据交换。

(3)业务应用域

根据在局域范围内存储、传输、处理和交换的数据用户不同,具有相同安全等级保护的单一计算机(主机/服务器)或多个计算机组成了安全服务域的原则,将内蒙古气象局的安全服务域细分为政务外网/行业专线服务器区、气象专网服务器区和DMZ服务器区。

政务外网服务器区主要为政务网提供服务,安全级别为中。

气象专网服务器区提供整个网络中核心应用的处理,安全级别最高。

DMZ服务器区主要为气象大数据平台外部用户提供相应服务,安全级别较低。

(4)安全支撑域

安全支撑域是为整个自治区气象大数据平台IT架构提供集中的安全服务、网络安全管理、运维应用管理、监控以及响应的区域。

安全管理区:所有安全设备进行集中管理监控。

运维接入区:所有对信息综合发布中心系统内网的服务器、网络设备、安全设备的管理均通过运维接入区进行。

3.7.2.2　物理安全建设

物理安全主要涉及的方面包括环境安全(防火、防水、防雷击等)设备和介质的防盗窃防破坏等方面。具体包括:物理位置的选择、物理访问控制、防盗窃和防破坏、防雷击、防火、防水和防潮、防静电、温湿度控制、电力供应和电磁防护等控制点。

具备安全的物理场所,并有划分清晰的功能区域。

(1)供配电系统

机房的供配电系统要求能保证对机房内的主机、服务器、网络设备、通信设备等的电源供应在任何情况下都不会间断,做到无单点失效和平稳可靠,这就要求两路以上的市电供应,N+1冗余的自备发电机系统,还有能保证足够时间供电的 UPS 系统。

(2)防雷接地

为了保证机房的各种设备安全,机房设有 4 种接地形式,即计算机专用直流逻辑地、配电系统交流工作地、安全保护地、防雷保护地。

(3)电磁屏蔽

内网综合布线中,网线统一使用六类屏蔽双绞线、屏蔽水晶头、屏蔽 RJ45 模块,减少网线的电磁泄漏;线缆物理距离上隔离,设备按照要求接地,重要设备具备电磁屏蔽措施。重要终端配备电磁干扰仪、屏蔽终端台等设备。

(4)温湿控制

为了机房的各种设备安全,机房配备温湿控制系统来对机房内温湿度进行控制,保障设备安全。

(5)消防报警及自动灭火

为实现火灾自动灭火功能,在机房的各个地方,设计了火灾自动监测及报警系统,以便能自动监测火灾的发生,并且启动自动灭火系统和报警系统。

(6)门禁

门禁系统具有授权、记录、查询、统计、防盗、报警等多种功能。采用指纹识别和面部识别等门禁技术,对机房、值班室、发布区、会商室等重点部位建立了指纹和面部识别门禁系统,实现对重点部位人员进出的控制。

(7)视频监控

视频监控系统通过控制摄像机及其辅助设备(镜头、云台等)直接观看被监控场所的情况,与防盗报警等其他安全技术防范体系联动运行,构成一个立体的、综合的安防体系。

3.7.2.3　网络安全建设

网络安全主要关注的方面包括:网络结构、网络边界以及网络设备自身安全等,具体的控制点包括结构安全、访问控制、安全审计、边界完整性检查、入侵防范、恶意代码防范、网络设备防护等 7 个控制点。

为了保证信息的保密性、完整性、可控性、可用性和抗抵赖性,计算机信息化网络系统采用多种安全保密技术,如身份鉴别、访问控制、信息加密、电磁泄漏发射防护、信息完整性校验、抗抵赖、安全审计、安全保密性能检测、入侵监控、操作系统安全、数据库安全等。

（1）结构安全

对整个网络进行子网划分，对各类资源（带宽、处理能力等）进行了约束限制。

1）采用防拒绝服务攻击系统及措施来保证系统出口实际网络带宽的需求；

2）保证主要网络设备的业务处理能力具备冗余空间，满足业务高峰期需要；

3）保证网络各个部分的带宽满足业务高峰期需要；

4）在业务终端与业务服务器之间进行路由控制，建立安全的访问路径；

5）根据各部门的工作职能、重要性和所涉及信息的重要程度等因素，划分不同 VLAN；

6）避免将重要网段部署在网络边界处且直接连接外部信息系统，重要网段与其他网段之间采取可靠的技术隔离手段；

7）按照对业务服务的重要次序来指定带宽分配优先级别，保证在网络发生拥堵的时候优先保护重要主机。

（2）访问控制

在安全域与安全域之间用安全设备（如防火墙、多功能网关等）进行隔离和访问控制。访问应当按照用户类别、信息类别控制。

利用防火墙的目的主要有两个：一是控制系统各级网络用户之间非法的相互访问，规划网络的信息流向；二是起到一定的隔离作用，一旦某一子网发生安全事故，避免波及其他子网。

由于系统的 DMZ 区是与 INTERNET 互联网直接相联，所以系统会受到通过网络的来自外部网络的攻击。外网接入区域安全主要防止门户 DMZ 区被非授权篡改、遭受拒绝服务攻击等。在外网出口处部署防火墙设备进行访问控制。

主机操作系统漏洞和错误的系统设置也可能导致非法访问的出现。

在网络访问控制方面，利用核心交换机的能力，按照用户实际需求对不同安全级别的用户组利用交换机虚拟子网技术划分不同子网，实现局域网内部不同子网之间的访问控制；在子网内部按用户的安全级别授予不同的访问权限，保证用户对涉密信息的访问得到控制。

访问控制措施包括：

1）使用交换机进行 VLAN 划分；

2）在各安全域部署访问控制设备（如防火墙等）并启用访问控制策略；

3）根据访问控制列表对源地址、目的地址、源端口、目的端口和协议等进行检查，以允许/拒绝数据包出入；

4）通过访问控制列表对系统资源实现允许或拒绝用户访问，控制粒度达到用户级。

（3）安全审计

信息安全等级保护技术要求：审计系统具有详细的日志，记录每个用户的每次活动以及系统出错和配置修改等信息，应保证审计日志的保密性和完整性。应保证审计不被旁路，防止审计数据缺失。审计系统应具有审计内容存储容量超过阈值的告警和保护措施，以防审计数据丢失。

系统的安全审计：实现对操作系统日志审计、网络审计、网络安全审计系统和入侵检测的审计功能相结合的方法进行安全审计。根据具体的应用环境，部署相应的审计设备。

1）入侵检测报警日志通过对网络系统所有可能造成危害的数据流进行报警及响应。

2）网络安全审计系统主要是通过对重要服务器、数据库的操作进行记录，达到事后审计、追踪的效果。

3)网络审计可以利用数据、操作系统、安全保密产品和应用软件的审计功能,对重要涉密系统采用专用设备进行安全审计。系统产生的大量审计数据给出了系统中活动的详细记录。

（4）边界完整性检查

网络需要采取防火墙、IDS等技术手段对边界进行防护及检测。对于用户通过其他手段接入INTERNET（如无线网卡、双网卡、MODEM拨号上网）,这些边界防御则形同虚设。因此,必须在全网中对网络的连接状态进行监控,准确定位并能及时报警和阻断。

可采取防御的设备包括:防火墙、入侵检测和入侵防御。

（5）入侵防范

对气象大数据综合应用平台划分不同的安全域,明确安全边界,在明确的安全边界实施有效的访问控制策略;进入系统安全域与子域的数据都应当通过各自的安全边界完成。在边界进行访问控制审计,审计内容包括:时间、地点、类型、主客体和结果。

边界安全防护设备包括:防火墙、防病毒网关、入侵检测、信息过滤、边界完整性检查、防DDOS攻击。

（6）恶意代码防范

当前通过网络和各种存储介质进行病毒传播和攻击的活动非常普遍,新型病毒层出不穷,对信息系统造成大量损害。因此,对网络中的各类服务器和客户机进行定期的防病毒扫描和实时状态下的监控,对保护网络资源和保证网络中各种服务的正常提供是不可或缺的。通过在网络中部署分布式、网络化的防病毒系统,不仅可以保证单机有效地防止病毒侵害,也使管理员从中央位置对整个网络进行病毒防护,及时地对病毒进行查杀。

采取的措施和设备为:

1)防病毒系统;

2)病毒防护策略、防护对象、范围、病毒库升级以及接入控制策略。

（7）网络设备防护

对网络安全的防护,除了对网络结构、网络边界部署相应的安全措施外,另外一个重要的方面就是对实现这些控制要求的网络设备的保护。通过登录网络设备对各种参数进行配置、修改等,都直接影响网络安全功能的发挥。因此,网络设备的防护主要是对用户登录前后的行为进行控制,具体包括:

1)对登录网络设备的用户进行身份鉴别;

2)对网络设备的管理员登录地址进行限制;

3)网络设备用户的标识应唯一;

4)主要网络设备应对同一用户选择两种或两种以上组合的鉴别技术来进行身份鉴别;

5)身份鉴别信息应具有不易被冒用的特点,口令应有复杂度要求并定期更换;

6)具有登录失败处理功能,可采取结束会话、限制非法登录次数和当网络登录连接超时自动退出等措施;

7)当对网络设备进行远程管理时,采取必要措施防止鉴别信息在网络传输过程中被窃听;

8)实现设备特权用户的权限分离。

在平台建设过程中,采用堡垒机的方式对登录网络设备的用户身份进行鉴别和行为审计。

（8）状态监控系统

系统平台配置状态监控系统实现对网络设备、安全设备、主机、数据库、中间件和应用系统统一的监测,以及对所有支持 SNMP 协议设备的监测。

状态监控系统可直接生成硬件设备的网络拓扑,可对网络设备、安全设备、关键服务器、应用系统、数据库等的状态进行监测,并支持自定义报警阈值。

1)IT 基础架构的监测

状态监控系统将对应用系统相关的各种主机、中间件、数据库、操作系统的性能指标进行监测;按照用户自定义的周期进行性能数据的采集,并提供实时监控和历史变化列表查询及各种波动图形曲线。主要有网络设备性能监测、主机性能监测、数据库的监测、中间件的监控。

(A)网络设备性能监测

提供对主流网络设备的监测,检测的相关参数有联通性、网络带宽、端口状态和流量(平均流量和最大、最小值等)。支持用户自定义性能指标,对特定的设备指标进行性能管理,能够基于 SNMP 配置自定义的设备性能指标,对于自定义的指标能够进行定时采集、告警、历史数据存储等处理操作。

对于不同的网络设备监测的主要性能指标不同,具体如下:

路由器:CPU 利用率、内存利用率、设备环境指标(包括风扇、温度、传感器监测变量等)等;

交换机:CPU 利用率、内存利用率、设备环境指标(包括风扇、温度、传感器监测变量等)、端口指标(端口的管理状态和运行状态、流入和流出量、流入和流出使用率、单播接收和发送包数量);

网络安全产品:支持对路由器、防火墙、IDS、漏洞扫描等系统产生的异常告警的监控,当某个安全产品产生异常告警,可以实时通过 SNMP 协议把告警信息发送到状态监控系统上,由状态监控系统生成相关告警。

(B)主机性能监测

对各种操作系统基本性能指标的监测,如 CPU 性能相关参数、系统逻辑及物理磁盘性能相关管理参数、系统内存性能相关管理参数、系统平均负载等。

对于不同的主机设备监测的主要性能指标如下:

CPU 利用率:监测 CPU 的平均利用率;

磁盘利用率:监测磁盘的剩余空间及利用率;

内存利用率:监测内存(包括虚拟内存)的利用率及剩余空间;

端口监控:能够定期监测主机上 TCP/UDP 端口的状态和占用进程,监控的端口可由用户指定,并可以显示系统所有的端口占用情况;

进程监控:能够定期监测主机上各关键进程的运行状态和系统资源占用情况,关键进程可由用户指定;

文件和目录监测:能够定期监测主机上文件和目录的大小,文件名和目录名可由用户指定;

远程 PING 监测:能够指定远程 IP 设备,定期监测主机和指定远程设备的 PING 响应速度,丢包率等;

操作系统检测:监测系统平均负载、I/O 读写情况等性能指标和虚拟内存、交换空间等的使用情况,对于 WINDOWS 操作系统,还可以监测事件日志、系统服务、注册表等的使用情况。

(C)数据库的监测

支持对主流数据库的监测。

(D)中间件的监控

支持对于主流中间件的性能指标监测。

2)应用系统的监测

状态监控系统除了实现对 IT 基础架构的监测管理,还应提供对各个应用系统的监测。

(A)对应用系统的基本监测

实时采集和监测业务系统的关键日志和关键性能参数,包括对业务系统进程、日志文件、服务端口响应等指标的监测。对 B/S 架构的业务系统能够通过 URL 监测分析页面响应时间和返回内容。

(B)对应用系统的个性化监测

状态监控系统除了实现对业务系统的关键性进程、使用端口以及日志文件的基本监测外,还支持自定义脚本调用接口来实现对不同业务系统个性化关键指标的收集和监测。

自定义监测器的接口方式符合易用、通用的原则,并提供自定义监测配置界面。系统管理员日常维护所采用的脚本命令、接口调用等手段都能够通过界面配置快速方便集成到业务支撑管理平台中,成为"标准的业务监测器类型"。所有自定义监测器自动具备同系统内置监测器统一的机制:轮询调度、设置阈值、生成历史数据表格等功能,后续仍会不断将业务系统管理员的知识经验积累集合到应用监控管理平台中。

3.7.2.4　主机安全建设

主机系统安全包括服务器、终端/工作站等在内的计算机设备在操作系统及数据库系统层面的安全。终端/工作站是带外设的台式机与笔记本计算机,服务器则包括应用程序、网络、Web、文件与通信等服务器。主机系统是构成信息系统的主要部分,其上承载着各种应用。因此,主机系统安全是保护信息系统安全的中坚力量。

对主机系统的远程访问应采用加密安全传输,防止信息在网络传输中被窃听。采用两种或以上的组合识别方式对超级用户进行身份识别。不同安全级别的用户具有各自的安全权限,根据用户的角色分配权限,仅授予用户所需的最小权限。

主机系统安全涉及的控制点包括:身份鉴别、访问控制、安全审计、剩余信息保护、入侵防范、恶意代码防范和资源控制共 7 个。

(1)身份鉴别

为确保系统的安全,对系统中的每一个用户或与之相连的服务器或终端设备进行有效的标识与鉴别,只有通过鉴别的用户才能被赋予相应的权限,进入系统并在规定的权限内操作。通常身份鉴别的方式采用用户名+口令或采用智能卡或 USB KEY 与口令相结合的方式进行身份鉴别,口令长度不得少于 10 个字符,口令更换周期不得长于一个月,也可采用生理特征等认证方式。

系统平台的重要信息都集中在应用服务器、数据库内,对可访问、Web 服务器,操作这些服务器、数据库的人员进行严格的限定,安全性较高。在安全建设过程中,采用堡垒机的方式来进行身份鉴别,实现对运维人员的身份管理、口令管理和操作行为的详细审计。

(2)访问控制

实施访问控制是为了保证系统资源(操作系统和数据库管理系统)受控合法地使用。用户只能根据自己的权限大小来访问系统资源,不得越权访问。主要包括:

1）系统启用访问控制功能,依据安全策略控制用户对资源的访问;

2）根据管理用户的角色分配权限,实现管理用户的权限分离,仅授予管理用户所需的最小权限;

3）实现操作系统和数据库系统特权用户的权限分离;

4）严格限制默认账户的访问权限,重命名系统默认账户,修改这些账户的默认口令;

5）及时删除多余的、过期的账户,避免共享账户的存在;

6）对重要信息资源设置敏感标记;

7）依据安全策略严格控制用户对有敏感标记重要信息资源的操作。

（3）安全审计

对主机进行安全审计,目的是保持对操作系统和数据库系统的运行情况以及系统用户行为的跟踪,以便事后追踪分析。主要涉及的方面包括用户登录情况、系统配置情况、系统资源使用情况、进程监控、补丁安装情况等。

（4）剩余信息保护

为保证存储在硬盘、内存或缓冲区中的信息不被非授权的访问,操作系统对这些剩余信息加以保护。用户的鉴别信息、文件、目录等资源所在的存储空间,操作系统将其完全清除之后,才释放或重新分配给其他用户。

（5）入侵防范

由于基于网络的入侵检测只是在被监测的网段内对网络非授权的访问、使用等情况进行防范,它无法防范网络内单台主机、服务器等被攻击的情况。通过主机本身的安全审计功能、防病毒系统的入侵防御模块对主机进行入侵防范以及防火墙的区域访问控制等手段来加强主机入侵防范。

（6）恶意代码防范

恶意代码一般通过两种方式造成各种破坏,一种是通过网络,另一种就是通过主机。网络边界处的恶意代码防范可以说是防范工作的“第一道门槛”,如果恶意代码通过网络进行蔓延,那么直接后果就是造成网络内的主机感染。另外,通过各种移动存储设备的接入主机也可能造成该主机感染病毒,而后通过网络感染其他主机。因此,这两种方式是交叉发生的,必须在两处同时进行防范才能尽可能地保证安全。定期对服务器、终端进行漏洞扫描、系统补丁安装情况等安全评估及系统安全加固来预防恶意代码的侵害。

主机防病毒的措施为:部署漏洞扫描系统及时进行漏洞发现以及系统补丁及时升级,减少恶意代码侵犯的途径;部署网络防病毒系统（主机＋服务器）,进行统一升级、策略下发,在终端处安装防病毒软件,服务器安装基于服务器的防病毒软件。

（7）资源控制

操作系统是非常复杂的系统软件,其最主要的特点是并发性和共享性。在逻辑上多个任务并发运行,处理器和外部设备能同时工作。多个任务共同使用系统资源,使其能被有效共享,大幅度提高系统的整体效率,这是操作系统的根本目标。通常计算机资源包括以下几类:中央处理器、存储器、外部设备、信息（包括程序和数据）,为保证这些资源有效共享和充分利用,操作系统必须对资源的使用进行控制,包括限制单个用户的多重并发会话、限制最大并发会话连接数、限制单个用户对系统资源的最大和最小使用限度、当登录终端的操作超时或鉴别失败时进行锁定、根据服务优先级分配系统资源等。主要包括:

1）通过设定终端接入方式、网络地址范围等条件限制终端登录；

2）根据安全策略设置登录终端的操作超时锁定；

3）对重要服务器进行监控，包括监控服务器的 CPU、硬盘、内存、网络等资源的使用情况；

4）限制单个用户对系统资源的最大或最小使用限度；

5）能够对系统的服务水平降低到预先规定的最小值进行检测和报警。

3.7.2.5　应用安全建设

通过网络、主机系统的安全防护，最终应用安全成为信息系统整体防御的最后一道防线。在应用层面运行的信息系统是基于网络的应用以及特定业务应用。基于网络的应用是形成其他应用的基础，包括消息发送、Web 浏览等，可以说是基本的应用。业务应用采纳基本应用的功能以满足特定业务的要求，如电子政务、应用系统、网站系统等。由于各种基本应用最终是为业务应用服务的，因此，对应用系统的安全保护最终就是如何保护系统的各种业务应用程序安全运行。

因此，在平台建设中，应用软件的安全主要从身份鉴别、访问控制、安全审计、剩余信息保护、通信完整性、通信保密性、抗抵赖、软件容错、资源控制等方面综合考虑并实施。

（1）CA 数字证书

CA 数字证书的应用是保障应用系统业务安全的重要手段，系统终端用户在 CA 中心注册并且取得数字证书后，访问应用系统的服务器进行维护及业务应用时，必须通过 CA 认证中心的认证之后，方能进行有效的数据交换和安全的数据共享。

CA 数字证书在应用系统的以下几个方面得到应用：

1）安全电子邮件发送；

2）安全应用系统的认证；

3）Web 信息系统安全；

4）电子数据（文档）的安全；

5）虚拟专网（VPN）应用；

6）内部人员身份鉴别；

7）数据交换双向认证；

8）网上申报业务的访问授权、重要数据的签名等。

（2）身份标识、鉴别和授权措施

身份标识、鉴别和授权是系统安全防范与保护的主要安全措施之一，它的主要任务是保证资源不被非法访问。系统需要采取身份认证授权机制，对系统管理用户、系统使用用户等不同人员，根据不同应用需求进行身份认证和权限控制。利用数字证书对用户和应用进行身份认证，根据信息系统等级保护三级标准的要求，系统的身份标识、鉴别和授权系统实现以下基本功能：

1）基本实现系统的身份标识、鉴别和授权，建成基于 PKI 数字证书体系的统一身份认证设施、授权管理基础设施的全网统一的分布式用户管理系统；

2）为系统提供各种应用的保密性、完整性、抗抵赖性和可用性服务，实现全网的可控性、可管理性和可监督性，从而提高应用系统安全强度和应用水平；

3）利用权限管理中心提供的基于角色的授权系统对用户进行授权和权限管理。系统应用通过对权限管理数据库的访问得到与用户相对应的类别、级别和角色对访问资源的权限。

（3）账号管理

集中统一的用户认证和授权管理平台可以有效管理用户的身份,保证用户具有快速、可靠、安全访问信息资源和应用的能力。该平台包括了用户的身份认证、授权和审计的各个环节以及用户使用信息资源的安全性与方便性等功能。

（4）身份认证

身份认证是信息安全的第一道防线,用以实现信息系统对操作者身份的合法性检查。对信息系统中的各种服务和应用来说,身份认证是一个基本的安全考虑。

根据不同业务系统安全等级不同,身份认证的方式有多种,包括采用用户名＋口令来实现针对各种系统的用户认证和访问控制。必要时采用指纹或人脸识别技术来完成身份认证。

（5）授权管理

授权是指对用户使用信息系统资源的具体情况进行合理分配的技术,实现不同用户对系统不同部分资源的访问。在建设过程中,采用用户的授权与用户身份认证技术结合在一起实现。

授权管理系统采用集中授权、分级管理的工作模式,提供资源管理、用户角色定义和划分、权限分配和管理、权限认证等功能。权限管理主要是由管理员进行资源分类配置、用户角色定义及授权等操作;权限认证主要是根据用户身份对其进行权限判断,以决定该用户是否具有访问相应资源的权限。

采用基于角色的用户授权管理模型,建立统一用户管理系统。在建立被授权资源库的基础上,根据用户群及资源访问需求,定义平台角色。根据授权需要将资源赋予角色,角色可以采用树状结构存储,一个角色可以通过继承获得父级角色的资源授权。

将角色赋予用户实现授权。用户可以通过将角色赋予组织或用户组获得对资源的访问授权,并可灵活定义各种授权控制策略。

（6）安全审计

审计是指从应用的层面接收、记录用户对信息系统资源的使用情况,以便于统计用户对网络资源的访问情况,并且在出现安全事故时可以追踪原因,追究相关人员的责任,以减少由于内部计算机用户滥用网络资源造成的安全危害。

安全审计包括对用户操作行为审计、对应用系统的审计。对用户操作行为的审计具体做法是指通过对用户的网上行为进行跟踪的审计技术,记录用户的活动日志来完成,发布管理平台将开发一个组件,应用系统将调用该组件,该组件将用户的行为发送到设计系统中,例如用户对数据库的增加、删除操作等。对应用系统的审计具体做法是将身份控制、登录信息等应用日志进行统一的管理与审计。

根据审计级别要求,对所有用户的所有操作都进行了详细的日志审计,并支持日志完整性检验机制,保证日志的完整。这些审计日志是用户系统操作的证据,无论是谁都无法抵赖和否认。管理员可以利用审计日志证明特定用户在特定时间的系统操作。

对日志内容具有良好的分析和挖掘功能,能够根据一系列的属性将特定事件过滤并以报表的形式提供给用户,以帮助管理员对安全事件进行分析。

对于上级用户的指示,在通过气象大数据综合应用平台进行传输时,需要考虑防止篡改、秘密传输等安全性能。应用级的安全体系中需要体现出授权、认证,为相应级别的用户赋予相应的权限,防止篡改。同时对有权限进行信息修改的用户,审计修改记录。能按需求,追溯发布命令修改的过程。

3.7.2.6　数据安全及备份恢复

信息系统处理的各种数据(用户数据、系统数据、业务数据等)在维持系统正常运行上起着至关重要的作用。一旦数据遭到破坏(泄漏、修改、毁坏),都会在不同程度上造成影响,从而危害到系统的正常运行。由于信息系统的各个层面(网络、主机、应用等)都对各类数据进行传输、存储和处理等,因此,对数据的保护需要物理环境、网络、数据库和操作系统、应用程序等提供支持。在此基础上,数据本身也应具备一定的防御和修复手段,事故发生后对数据造成的损害将会降至最小。

另外,数据备份也是防止数据被破坏后无法恢复的重要手段,而硬件备份等更是保证系统可用的重要内容,在高级别的信息系统中采用异地适时备份会有效地防止灾难发生时可能造成的系统危害。

保证数据安全和备份恢复主要从数据完整性、数据保密性、备份和恢复等三个控制点开展建设。

(1)数据完整性

实现数据的完整性校验的方法主要是:发送方使用散列函数(如 SHA、MD5 等)对要发送的信息进行计算,得到信息的鉴别码,连同信息一起发送给接收方,接收方对收到的信息重新计算,将得到鉴别码与收到的鉴别码进行比较,若二者不相同,则可以判定信息被篡改了。抗抵赖校验是为了防止发送方在发出数据后又否认自己发送过该数据,并防止接收方收到数据后否认收到过该数据,常用方法是数字签名。同时,采用全方位的入侵检测和审计技术,实现数据完整性校验和抗抵赖校验。

(2)数据保密性

数据保密性主要从数据的传输和存储两方面保证各类敏感数据不被未授权用户的访问,以免造成数据泄漏。采用加强本地系统定期维护和数据加密保证数据传输过程中的保密性。

(3)备份和恢复

备份与恢复主要包含两方面内容,一方面是数据备份与恢复,另一方面是关键网络设备、线路以及服务器等硬件设备的冗余备份。

数据是最重要的系统资源,数据丢失将会使系统无法连续正常工作,数据错误则将意味着不准确的事务处理。数据备份应该遵循稳定性、全面性、自动化、高性能、操作简单、实时性等原则。数据备份需要实现易于管理、广泛的设备兼容性和较高的可靠性,以保证数据的完整。广泛的选件和代理能将数据保护扩展到整个系统,并提供增强的功能,其中包括联机备份应用系统和数据文件,先进的设备和介质管理,快速、顺利的灾难恢复以及对光纤通道存储区域网(SAN)的支持等。

本地完全数据备份至少每天一次,且备份介质场外多处存放。提供能异地数据备份功能,利用通信网络将关键数据定时批量传送至异地备用场地。

对于核心交换设备、外部接入链路以及系统服务器进行双机、双线、双电的冗余设计,保障从网络结构、硬件配置上满足不间断系统运行的需要。

(4)数据库安全

可从数据库管理系统和数据部署两个方面考虑数据库的安全保障。

数据库系统的安全性很大程度上依赖于数据库管理系统,数据库管理系统若具备强大的安全机制,则数据库系统的安全性能就较好。系统平台可依托数据库管理系统从用户认证权限管理(标识与鉴别)、对象定义、存取控制、访问控制、视图控制、完整性控制、数据审计等方面完成数据库安全保障。

3.7.2.7　安全产品部署说明

在现有安全防护体系下,通过在大数据综合应用平台的网络出口边界处双机冗余部署两台下一代防火墙设备,保证平台到中国气象局骨干网络数据传输的安全,有效阻挡非授权的网络访问、病毒攻击和漏洞攻击等。通过在平台的安全运维管理区部署一台堡垒机,可实现对所有运维行为和操作的管理、控制和审计,构建运维风险管理体系,保障运维安全。根据安全互联域、安全接入域、安全支撑域、业务应用域的划分配置不同的安全产品。

(1)安全互联域

重点考虑互联网区、广域网区、核心交换区3个区域的安全防护。具体说明如下:

互联网区:配备防火墙部署于互联网区出口处主链路之上,防护来自于外部互联网的攻击,该防火墙同时作为与安全互联域、安全接入域以及安全支撑域的边界防火墙。配备IPS网络入侵防御安全产品,部署于互联网区出口处主链路之上,通过对网络中深层攻击行为进行准确的分析判断,在判定为攻击行为后立即予以阻断,主动而有效地保护网络的安全。采用IDS网络入侵检测系统,主要检测对DMZ服务器区中各重要网络资产的访问流量。

广域网区:配备广域网防火墙,对外部网络默认的配置一般采用不信任的安全控制方式,用于避免从外单位(政务网和广域网)引入的入侵和病毒威胁。

核心交换区:为了及时发现网络中潜在的攻击威胁、漏洞、木马后门程序等并实时预警,在气象专网区的核心交换机上旁路部署入侵检测系统。

为实现对内部用户、系统管理人员及售后运维人员的网络操作行为和数据库操作行为的审计及事后责任追溯,在气象专网区的核心交换机上旁路部署网络审计系统和数据库审计系统。

(2)安全接入域

部署防病毒系统,在终端处安装防病毒软件,防止恶意代码对系统的破坏。

部署互联网行为管控系统,帮助对终端用户控制和管理对互联网的使用,包括对网页访问过滤、网络应用控制、带宽流量管理、信息收发审计、用户行为分析。

配备边界防火墙,该防火墙与互联网接入区的防火墙复用,通过防火墙满足安全域边界的访问控制、身份验证和审计等安全功能需求,防止接入区的用户对业务应用域的设备的非法访问。

(3)安全支撑域

部署防病毒管理服务器,在网关和所有WINDOWS服务器上进行病毒监控和清除,通过防病毒控制台对防病毒管理服务器进行配置和显示。

配备堡垒机,部署在安全支撑域的运维接入区中,通过其对运维人员和业务用户的身份进行认证,对各类运维操作和业务访问行为进行分析、记录、汇报,以帮助用户事前认证授权、事中实时监控、事后精确溯源,加强内外部网络行为监管,保证核心资产(数据库、服务器、网络设备等)的正常运行。堡垒机采用双机热备方式进行部署。

配备边界防火墙,部署于安全支撑域与安全互联域之间,与互联网区防火墙复用,进行边界防护。

(4)业务应用域

配备IPS网络入侵防御安全产品,部署于安全互联域出口处与业务应用域的边界处,通过对网络中深层攻击行为进行准确的分析判断,在判定为攻击行为后立即予以阻断,主动而有效地保护网络的安全。

3.7.3　安全管理体系建设

在平台安全的各项建设内容中,安全管理体系的建设是关键和基础。没有健全的安全管理体系,平台的安全性是很难保证的,仅在技术上是无法实现完整的安全要求的。因此,建立一套科学的、可靠的、全面而有层次的安全管理体系是平台安全建设的必要条件和基本保证。

3.7.3.1　安全管理体系的建设目标

通过有效的平台安全管理体系建设,最终要实现的目标是:采取集中控制模式,建立起完整的安全管理体系并加以实施与维持,实现动态的、系统的、全员参与的、制度化的、以预防为主的安全管理模式,从而在管理上确保全方位、多层次、快速有效的网络安全防护。

3.7.3.2　安全管理体系的建设内容

平台的安全管理体系主要包括安全管理机构、安全管理制度、安全标准规范和安全教育培训等方面。

通过组建完整的平台信息网络安全管理机构,设置安全管理人员,规划安全策略、确定安全管理机制、明确安全管理原则和完善安全管理措施,制定严格的安全管理制度,合理地协调法律、技术和管理三种因素,实现对平台安全管理的科学化、系统化、法制化和规范化,达到保障平台安全的目的。

(1)安全管理机构建设

按照统一领导和分级管理的原则,平台的安全管理设立了专门的管理机构,配备相应的安全管理人员,并实行“一把手”责任制,明确主管领导,落实部门责任,各尽其职。其主要内容包括:各级管理机构的建立,各级管理机构的职能、权限划分,人员岗位、数量、职责的确定。

主要组建机构为:

成立了指导和管理信息安全工作的委员会,其最高领导由单位主管领导委任或授权。

建立了信息安全管理工作的职能部门,明确安全主管人和各方面的负责人及其职责,加强组织内外的合作与沟通,定期或不定期召开安全工作会议。

建立了重要安全管理活动的审批程序,确定审批部门及批准人,按照审批程序执行审批过程,关键安全管理活动采用双重审批制度。

配备了足够的系统管理人员、网络管理人员、安全管理人员,定义各个工作岗位的职责。

安全管理人员专职工作,不允许兼任,关键岗位定期轮岗;安全管理人员必须配置 A、B 角色,可以互相替换开展工作。

制定安全审核和安全检查制度,规范安全审核和安全检查工作,定期按照程序进行安全审核和安全检查活动,安全审核人员和安全管理人员必须由不同人员担任,不能由同一人兼任。

聘请信息安全专家作为安全顾问,指导信息安全建设,参与安全规划和安全评审等。

(2)安全管理制度建设

建立一个有效的信息安全管理体系,首先需要在好的信息安全治理的基础上,其次要制定出相关的管理策略和规章制度,然后才是在安全产品的帮助下搭建起整个架构。

安全管理制度是系统安全的基础,需要通过一系列规章制度的实施,来确保各类人员按照规定的职责行事,做到各行其职、各负其责,避免责任事故的发生和防止恶意侵犯。安全管理制度主要包括安全人员管理、技术安全管理、场地设施安全管理等。

安全人员的管理主要包括:人员审查、岗位人选、人员培训、签订保密合同、人员调离等。

技术安全管理主要包括:软件管理、设备管理、介质管理、信息管理、技术文档管理、传输链路和网络互连管理、应急响应计划等技术方面的管理。

场地设施安全管理主要包括:场地管理分类、管理要求、出入控制、电磁波防护、磁场防护、机房管理制度等。

(3)安全标准体系建设参考依据

平台安全标准体系建设是整个系统正常运行的重要手段。平台的安全标准是基于国家信息安全相关标准和政策而制定,主要参考和借鉴的标准和规范如下:

《系统安全技术实施指南》;

《系统安全工程验收指南》;

《系统安全工程质量管理指南》;

《系统应急响应指南》;

《系统灾难备份系统指南》;

《系统安全性评估指南》;

《系统风险评估指南》;

《系统信息安全产品采购指南》;

《系统补丁升级系统建设指南》;

《系统病毒防治系统部署指南》;

《系统访问控制系统部署指南》;

《系统审计系统部署指南》。

(4)安全教育和培训

根据用户的不同层次制定相应的教育培训计划及培训方案。为了将安全隐患减少到最低,不仅需要对安全管理员进行专业性的安全技术培训,还需要加强对一般办公人员的信息安全教育,普及信息安全基本知识,通过对用户的不断教育和培训,增强全体工作人员的信息安全意识、法制观念和技术防范水平,确保系统平台的安全运行。

3.7.3.3　安全运维

(1)安全风险评估

风险评估是信息安全管理体系建立的基础,是组织平衡安全风险和安全投入的依据,也是信息安全管理体系测量业绩、发现改进机会的最重要途径。在风险评估之前,必须准确定义什么是风险,风险的主要元素及其相互关系。重点考虑以下几个方面:

1)资产:对平台建设有价值的任何东西,尽量少的冗余,尽可能全面地识别平台建设涉及到的重要信息资产;

2)风险:威胁利用薄弱点对资产或资产组产生影响的潜在可能性和潜在影响的结合,需要从资产的威胁、薄弱点和影响三个方面来进行风险的识别;

3)威胁:对平台整体建设产生危害的有害事件的潜在原因;

4)弱点:是指一个资产或资产组能够被威胁利用的弱点;

5)影响:有害事件产生的后果;

6)风险评估:识别信息安全风险并确认其大小的过程。

通过风险元素的定义,得出平台的当前运行风险,有针对性地对系统进行安全加固。所以定期对系统进行风险评估是保证系统正常运行的基础。需要建立以月为单位的各信息系统安全评估工作,做出安全状态和安全趋势分析及评估后的应对措施。

(2)网络管理与安全管理

重点从出入控制、场地与设施安全管理、网络运行状态监控、安全设备监控、安全事件监控与分析、提出预防措施等方面综合考虑。具体说明如下:

1)出入控制

根据安全等级和安全范围进行分区控制,根据每个工作人员的实际工作需要规定所能进入的区域,无权进入者的跨区域访问和外访者进入机房必须经过有关安全管理人员的批准。对各机房和区域的进出口进行严格控制,根据安全程度和安全等级采取必要的措施,如设置门卫和电子技术报警与控制装置,对人员进入和退出时间及进入理由进行登记等多重限制措施。

2)场地与设施安全管理

信息系统的场地与设施安全管理必须满足机房场地选择、防火、防水、防静电、防雷击、防鼠害、防辐射、防盗窃、火灾报警和消防措施以及对内部装修、供配电系统等的技术要求。

3)网络运行状态监控

利用网络管理系统、安全审计系统及入侵检测系统等网络技术对日常的网络情况进行监控,通过一段时间的统计与分析,得出正常网络状态的各种参数,形成基线。对网络异常现象进行分析和查找原因,将对信息系统的潜在不利影响消灭在萌芽状态。

4)安全设备监控

利用安全管理中心对防病毒、防火墙、入侵检测、安全审计等多种安全产品的运行状态进行监控。

5)安全事件监控与分析

利用安全管理中心集中处理各种安全产品上报的重要安全事件、操作系统上报的重要安全事件、网络核心系统的重要安全事件及机房环境的变化等重要安全事件。对安全事件进行集中综合监控和分析研判。

6)提出预防措施

通过建立安全事件库,对共同性质的问题和事件分析原因,并提出整改和优化意见。

(3)备份与容灾管理

主要关键业务系统提供的服务采用本地双机热备、数据离线备份等措施;其他相关业务应用系统采用数据离线备份措施。

1)数据离线备份

建立备份策略,并根据业务数据的需要调整备份策略,包括全备份、增量备份、差分备份和备份时间、备份周期。根据业务的需要评估备份数据的生命周期是否能满足需要。建立恢复演练机制。

2)灾难恢复措施

灾难恢复制度:为了预防灾难的发生,需要做灾难恢复备份。灾难恢复备份与一般数据备份不同的地方在于它会自动备份系统的重要信息。

灾难演习制度:能够保证灾难恢复的可靠性,光进行备份是不够的,还要进行灾难演练。

每过一段时间,进行一次灾难演习。利用淘汰的机器或多余的硬盘进行灾难模拟,以熟练灾难恢复的操作过程,并检验所生成的灾难恢复软盘和灾难恢复备份是否可靠。

灾难恢复:拥有完整的备份方案,并严格执行以上的备份措施,当面对突如其来的灾难时就可以应付自如。

(4)应急响应计划

通过建立应急相应机构,制定应急响应预案。通过建立专家资源库、厂商资源库等人力资源措施,通过对应急响应预案不低于一年两次的演练,可以在发生紧急事件时做到规范化操作,更快地恢复应用和数据,并最大可能地减少损失。

1)紧急事件

发生下列情况之一,应视为紧急事件,需要采取相应的紧急措施:

当硬件受到破坏性攻击不能正常发挥其部分功能或全部功能时;

当软件受到破坏性攻击不能正常发挥其部分功能或全部功能时;

当软件受到计算机病毒的侵害,局部或全部数据和功能受到损坏,使系统不能工作或工作效率急剧下降时;

当物理设备被人为毁坏,无法正常工作时;

当受到自然灾害的破坏,如:地震、水灾、火灾、雷电时;

当出现意外停电而又无后备供电措施时;

当重要的关键岗位人员不能上岗时。

2)应急计划要求

应急计划应条理清楚、语言简洁、步骤分明、具有强可操作性。

应急计划应有多种备用方案,每种方案均应可独立实施,应有多种方案的优先排序。

应急计划应有明确的负责人与各级责任人的职责。

应急计划应便于培训和实施演习。

应急计划简单流程图应公布在显著和方便的位置,以便发生事故时,能迅速、方便地执行。

应急计划应包括紧急措施、资源备用、恢复过程、演习和应急计划等关键信息。

紧急措施:制定对各种紧急事件的响应规程、抢救计划、救护计划和撤离计划,以保护人员生命、降低财产损失。

3)资源备用

软资源备用:对每一信息资源需要有足够的备份,并将备份存放于攻击和灾害不能及的地方。

设备备用:在工作现场可以有主板、硬盘、光驱等备件及备用的外部设备。

电源备用:配置不间断电源,一般不间断电源应可在断电后维持工作一小时以上。配置备用交流稳压电源。重要系统和大型系统应配备多种供电来源,甚至可以配用发电设备。

重要或大型系统中的关键设备和信息安全产品应采用双机热备份。

关键要害部门应采取异地系统备份,并确保自动接管。

4)恢复过程

制定和实现恢复过程计划。

定期进行应急计划的演习,使每个工作人员知晓应急知识和在应急计划中应采取的措施和应负的责任,以利于紧急事故出现时能迅速执行应急计划。

5)应急计划关键信息

应急计划关键信息张贴在显著和方便的位置,应急计划关键信息包括:火警电话、报警电话、应急负责人电话和住址。

3.7.3.4　安全人员管理

信息系统的运行是依靠在各级对应机构工作的人员来具体实施的,他们既是信息系统安全的主体,也是系统安全管理的对象。所以,要确保信息系统的安全,首先应加强人事安全管理。

安全人员包括:密钥管理员、系统安全管理员、系统管理员、办公自动化操作人员、安全设备操作员、软硬件维修人员和警卫人员。其中密钥管理员、系统管理员、系统安全管理员必须由不同人员担当。

(1)人员审查

人员审查根据信息系统所规定的安全等级确定审查标准。人员应具有政治可靠、思想进步、作风正派、技术合格等基本素质。

(2)岗位人选

所有人员应明确其在安全系统中的职责和权限。

所有人员的工作、活动范围应当被限制在完成其任务的最小范围内。

信息系统的关键岗位人选,如安全负责人、安全管理员、系统管理员、安全分析员、安全设备操作员、保密员等,必须经过严格的政治审核并考核其业务能力。关键的岗位人员不得兼职。

(3)人员培训

定期对从事操作和维护信息系统的工作人员进行培训,包括:计算机操作维护培训、应用软件操作培训、信息系统安全培训等,保证只有经过培训合格的人员才能上岗。

对于涉及安全设备操作和管理的人员,除进行上述培训外,还应由相应部门进行安全专门培训,上岗后仍需不定期接受安全教育和培训。

对于安全负责人要进行高级安全培训,并且取得"上岗证书"后方可任职。

(4)人员考核

人事部门要定期组织对信息系统所有的工作人员从政治思想、业务水平、工作表现、遵守安全规程等方面进行考核。对于考核发现有违反安全法规行为的人员或发现不适于接触信息系统的人员要及时调离岗位,不应让其再接触系统。

(5)签订保密合同

对所有进入信息系统工作的人员,均应签订保密合同,承诺其对系统应尽的安全义务,保证在岗工作期间和离岗后一定时期内均不得违反保密合同、泄露系统秘密。对违反保密合同的应有惩处条款,对接触秘密信息的人员应规定在离岗后的相应时间内不得离境。

(6)人员调离

对调离人员,特别是因不适合安全管理要求被调离的人员,必须严格办理调离手续,进行调离谈话、承诺其调离后的保密义务,交回所有钥匙及证件,退还全部技术手册、软件及有关资料,更换系统口令和机要锁。

3.7.3.5　技术安全管理

(1)软件管理

软件管理的范围包括对操作系统、应用软件、数据库、安全软件、工具软件的采购、安装、使用、更新、维护、防病毒的管理。

1）软件的采购、安装和测试

信息系统所使用的操作系统、应用软件、数据库、安全软件、工具软件必须是正式版本,严禁使用测试版和盗版软件。重要的操作系统和主要应用软件必须在安全管理员的监督之下进行安装。软件安装后,须使用可靠检测软件或手段进行安全测试,了解其脆弱性,并根据脆弱性程度采取措施,使风险降至最小。

2）软件的登记和保管

软件安装后,原件（盘）应进行登记造册,并由专人保管。软件更新后,软件的新、旧版本均应登记造册,并由专人保管,旧版本的销毁应受到严格控制。

3）软件的使用和维护

操作系统和数据库管理系统以及安全软件应由专人负责,系统及系统安全管理员应由政治素质可靠、工作及业务责任心强的人担任,负责对系统和管理的维护,必须对系统运行情况进行严格的工作记录,系统工作异常或发生与安全有关的事件时,在采取相应措施的同时必须报主管安全部门备案。定期对操作系统、数据库管理系统及其他相关软件进行稽核审计,分析与安全有关的事件,堵塞安全漏洞。软件更新后,须重新审查系统安全状态,必要时对安全策略进行调整。

4）应用软件开发管理

系统应用软件的开发必须根据信息密级和安全等级,同步进行相应的安全设计,并制定各阶段安全目标,按目标进行管理和实施。系统应用软件的开发必须有安全管理专业的技术人员参加,其主要任务是对系统方案与开发进行安全审查和监督,负责系统安全设计和实施。开发环境和现场必须与办公环境和工作现场分开,软件设计方案、数据结构、安全管理、操作监控手段、数据加密形式、原代码等,只能在有关开发人员及有关管理机构中流动,严禁散失或外泄。应用软件开发必须符合软件工程建设的相应规范。

5）软件的防病毒管理

计算机必须安装经国家认可的防、杀病毒软件产品。内部信息系统管理部门定期组织计算机系统的杀灭病毒工作。不得使用未经批准和检测的外来软件或磁盘、光盘,不允许在计算机上玩游戏。发现病毒后立即使用杀灭病毒工具进行检测和灭毒,如不能完全消灭病毒时,立即上报并暂停工作。对于染毒次数、杀毒次数、杀毒后果进行详细记录,不得隐瞒不报。

（2）设备管理

对设备的全方位管理是保证信息系统建设的重要条件。设备管理包括设备的购置、使用、维修、储存管理等几个方面。

1）设备选型

信息系统采取有关信息安全技术措施和采购装备相应的安全设备时,应遵循下列原则：

主流设备厂商；

设备厂商稳定性；

设备厂商本地化服务能力；

设备先进性；

设备性价比的合理性；

设备易维护性与稳定性；

与现有环境及设备的兼容性。

2）设备检测

信息系统中的所有设备必须是经过测评认证的合格产品，新选的设备应该符合中华人民共和国国家标准《数据处理设备的安全》《电动办公机器的安全》中规定的要求，其电磁辐射强度、可靠性及兼容性也应符合安全管理等级要求。

3）设备购置安装

设备符合系统选型要求并获得批准后购置。凡购回的设备均应在测试环境下经过连续72 小时以上的单机运行测试和联机 48 小时的应用系统兼容性运行测试。通过上述测试后，设备才能进入试运行阶段。试运行时间的长短可根据需要自行确定。通过试运行的设备，才能投入生产系统，正式运行。

4）设备登记

对所有设备建立了项目齐全、管理严格的购置、移交、使用、维护、维修、报废等登记制度，并认真做好登记及检查工作，保证设备管理工作正规化。

5）设备使用管理

每台（套）设备的使用均应指定专人负责并建立详细的运行日志。由设备责任人负责设备的使用登记，登记内容应包括运行起止时间、累计运行时数及运行状况等。由责任人负责进行设备的日常清洁及定期保养维护，做好维护记录，保证设备处于最佳状态。一旦设备出现故障，责任人应立即如实填写故障报告，通知有关人员处理。设备责任人应保证设备在其出厂标称的使用环境（如温度、湿度、电压、电磁干扰、粉尘度等）下工作。

6）设备仓储管理

设备责任人应保证各台（套）设备在出厂标称的环境下（如温度、湿度、电压、电磁干扰、粉尘度等）储存。设备应有进、出库领用和报废登记。必须定期对储存设备进行清洁、核查及通电检测。安全产品及保密设备应单独储存并有相应的保护措施。

（3）备份管理

备份系统管理员对服务器的所有数据做到每个季度完整备份一次，每周对服务器上重要数据进行完整备份一次，每天对服务器上的重要数据增量备份一次，并由安全管理员进行审核。

系统数据遇到灾难性恢复时，备份系统管理员必须做好数据恢复策略，经领导审批同意后，在安全员监督下进行数据恢复工作。

（4）技术文档管理

技术文档是指对系统设计研制、开发、运行、维护中所有技术问题的文字描述，它反映了系统的构造原理，表述了系统的实现方法，为系统维护、修改和进一步开发提供了依据。技术文档记录了系统各阶段的技术信息。技术文档为管理人员、开发人员、操作人员、用户之间的技术交流提供了交互的媒体。

制定技术文档的管理制度，明确执行管理制度的责任人。借阅、复制技术文档要履行相应的手续，包括申请、审批、登记、归档等必要环节，并明确各环节当事人的责任和义务。对秘密级以上的重要技术文档应考虑双份以上的备份，并存放于异地。对报废的技术文档，要有严格的销毁、监控销毁的措施。

第4章　总结与建议

4.1　强化平台顶层设计

"十三五"时期,内蒙古气象部门深入贯彻落实习近平总书记关于网络安全和信息化工作的重要论述,结合自治区部门内外发展实际,面向智慧气象和大数据服务的现实需求,基于云计算、大数据等新的信息技术,大力推进气象业务和管理信息化建设,围绕"一平台三系统"顶层设计,开展了内蒙古自治区气象大数据综合应用平台的建设,实现了对自治区气象部门内外数据资源的集约化、标准化汇聚管理,促进了气象"云+端"的应用和服务众创发展模式,全面提升了气象业务和服务水平,有效支撑了部门内自治区、盟(市)、旗(县)三级业务应用,服务政府大数据平台建设和行业部门气象数据的应用,实现从点到面、从分散到集中、从单一应用到"一站式"服务的快速发展,为进一步深化内蒙古自治区气象大数据在气象防灾减灾、自治区生态文明建设、社会治理、公共服务及相关行业领域的应用提供支撑。

4.2　重视标准规范建设

标准规范建设是气象大数据综合应用平台的重要组成部分,贯穿于整个平台建设工作始终。基于中国气象局统一的气象信息化标准体系,进行本地特色数据接入,形成内蒙古自治区行业数据汇交标准规范,制定内蒙古自治区行业数据接入元数据规范,统一定义行业资料字典、编码规则、命名规则、存储结构等,如图4-1所示。

数据汇交标准规范:针对目前已经收集但是未纳入数据资源池统一管理的行业数据资源,根据汇交数据的来源、数据频率、提交方式,结合气象资料的收集、传输、解码、入库各环节,制定数据汇交标准规范,统一数据汇交流程。

元数据管理规范:为了方便气象信息的发现、检索和访问,使数据的使用者了解数据的基本特征,对元数据信息的管理及同步提出相关技术要求,包括元数据的格式、描述方法、文件命名、约束条件、同步机制、更新机制等内容。统一定义行业资料字典、编码规则、命名规则、存储结构等,制定元数据管理规范。

4.3　做好风险应对和管理

风险识别和分析是风险管理的基础,在收集资料和调查研究的基础上,运用各种方法对尚未发生的潜在风险以及客观存在的各种风险进行系统归类和全面识别,为进一步风险应对和管理提供依据。风险识别和分析主要涵盖政策风险、技术风险、安全风险。

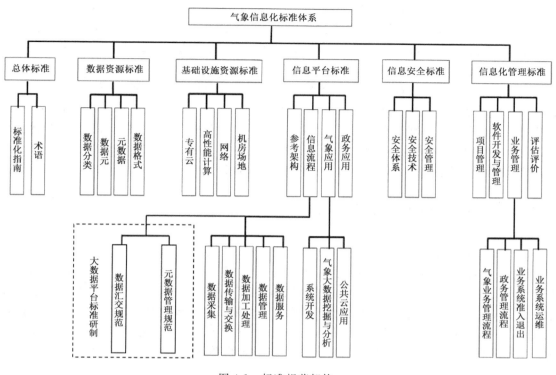

图 4-1　标准规范架构

（1）政策风险

内蒙古气象大数据综合应用平台是依据《促进大数据发展行动纲要》（国发〔2015〕50 号）、《国务院关于加快推进"互联网＋政务服务"工作的指导意见》（国发〔2016〕55 号）、《内蒙古自治区人民政府关于加快推进"互联网＋"工作的指导意见》（内政发〔2015〕61 号）、《2017 年自治区大数据发展工作要点》（2017 年 6 月）、《内蒙古人民政府办公厅关于进一步推动信息资源共享利用的通知》（内政厅字〔2015〕28 号）、《内蒙古自治区气象事业发展"十三五"规划（2016—2020 年）》（内政办发〔2016〕191 号）等相关政策文件建设而成的。特别在 2015 年，国务院印发《促进大数据发展行动纲要》（国发〔2015〕50 号），将气象分别列入"政府数据资源共享开放工程""公共服务大数据工程""现代农业大数据工程"等多个重点工程中，并提出气象数据合理适度向社会开放，激发大众创业、万众创新活力，同时探索开展交通、公安、气象、安监、地震、测绘等跨部门、跨地域数据融合和协同创新。2017 年，内蒙古自治区人民政府办公厅发布《2017 年自治区大数据发展工作要点》（内政办发〔2017〕116 号）要求，"以建设国家大数据综合试验区为抓手，坚持以设施为基础、以安全为前提、以资源为根本、以应用为核心，加强信息基础设施建设，推动政府数据资源整合、共享开放和创新应用，大力发展大数据产业，促进全区经济社会转型升级""积极支持开展党建、廉政建设、机构编制、食品药品、科技、文化、国土、气象等大数据应用"。因此，该大数据综合应用平台建设符合政策要求和规定，也满足地方发展需求，受到自治区政府的认可和批准，不存在政策风险。

（2）技术风险

平台整个建设过程中全部采用成熟的技术和架构，依托"全国综合气象信息共享平台"规范了数据服务接口,实现对业务、服务、科研、培训及行业数据的质量控制、产品生成、存储管理及共享服务,形成了全区统一的气象数据环境。采用市场上比较成熟的技术和设备,不使用试验阶段或不成熟的产品和技术。因此,该大数据综合应用平台建设无技术风险。

　　(3)安全风险

　　为保证本项目的安全高效运行,依据国家信息系统等级保护建设的相关规定,该大数据综合应用平台严格按照三级等保相关要求开展建设,通过技术手段和科学管理保证信息系统的安全,保证物理安全、网络安全、主机安全、应用安全和数据安全及备份恢复,同时建立、健全合理的安全管理制度、安全管理机构、安全人员管理、系统建设管理和系统运维管理。安全风险通过合理的技术手段和管理手段可以控制在国家信息系统安全运行的要求范围之内。

4.4　加强平台数据安全保障

　　在气象大数据综合应用平台建设中,高度重视保障气象数据安全,建立了气象数据管理规范,促进气象数据开放利用。气象数据管理严格遵循"统筹管理、集约建设、统一出口、有序供给、充分利用、安全可控"原则,提高气象数据质量和配置效率,保障气象数据依法有序流动,激发气象数据应用活力,促进气象数据高水平利用。气象数据开放按照"依法开放、安全有序、高效公平"原则实行数据目录制管理服务,该平台在确保数据安全和数据质量的前提下,优先通过提供产品数据和服务等方式充分发挥大数据支撑的保障作用。

参考文献

陈京华,邓莉,王舒,等,2020.国家气象业务内网 WebGIS 数据服务系统设计与应用[J].气象科技,48(4):496-502.

邓鑫,王祝先,杨英奎,等,2021.基于 RabbitMQ 技术的气象标准格式数据传输研究[J].自动化技术与应用,40(5):182-185.

刘媛媛,何文春,王妍,等,2021.气象大数据云平台归档系统设计及实现[J].气象科技,49(5):697-706.

孙超,霍庆,任芝花,等,2018.地面气象资料统计处理系统设计与实现[J].应用气象学报,29(5):630-640.

孙超,肖文名,曾乐,等,2020.海量监控数据云存储服务模型的设计与实现[J].武汉大学学报(信息科学版),45(7):1099-1106.

王彬,孙婧,2018.气象高性能计算系统的业务发展概述[J].气象科技进展,8(1):287-289.

徐拥军,何文春,刘媛媛,等,2020.气象大数据存储体系设计与实现[J].电子测量技术,43(22):19-25.

徐拥军,何文春,刘振,等,2016.海量气象站点数据分布式存储测试及其应用[J].贵州气象,40(5):61-68.

曾乐,孙超,张来恩,等,2021.基于大数据技术的气象业务监控数据采集处理[J].计算机仿真,38(7):181-188.

张凯,李新硕,2010.海事卫星通讯系统设计及其在气象应急服务中的应用[J].气象水文海洋仪器,27(1):15-16+20.

赵芳,何文春,张小缨,等,2018.全国综合气象信息共享平台建设[J].气象科技进展,8(1):171-180.

赵立成,沈文海,肖华东,等,2016.高性能计算技术在气象领域的应用[J].应用气象学报,27(5):550-558.

郑波,李湘,何文春,等,2018.基于 CIMISS 全国精细化格点预报业务数据环境系统设计与实现[J].气象科技,46(4):670-677.

周琰,蒋敏慧,曹磊,等,2018.气象业务信息化发展下的网络安全治理初探[J].气象科技进展,8(1):274-276.